特种设备安全技术丛书

锅炉能效测试与远程监控技术

李 勇 赵彦杰 等著

黄河水利出版社
·郑州·

内 容 提 要

本书依据《特种设备安全法》《特种设备安全监察规程》《锅炉节能技术监督管理规程》《锅炉能效测试与评价规则》《锅炉热工性能试验规程》《锅炉能效测试作业人员考核大纲》等法律法规及国家标准的相关要求撰写完成。本书以能效测试工作程序为主线,全面系统地介绍了锅炉基础知识、锅炉能效测试方法与要求、锅炉能效主要参数测试方法及注意事项、主要测量仪表基本性能及适用范围、对测试数据的处理及计算等,并介绍了大型锅炉能效远程监测系统的具体要求。

本书可作为锅炉能效测试人员测试技术的培训教材,也可作为锅炉节能管理部门、锅炉制造和使用企业、锅炉能效检测机构、特种设备安全监察部门以及能效远程监测领域研究机构等单位技术人员的参考用书,还可供高等院校相关专业师生学习参考。

图书在版编目(CIP)数据

锅炉能效测试与远程监控技术/李勇等著.—郑州:黄河水利出版社,2021.12

ISBN 978-7-5509-3210-4

Ⅰ.①锅… Ⅱ.①李… Ⅲ.①工业锅炉-传热效率-测试-技术培训-教材 ②工业锅炉-安全监控-技术培训-教材 Ⅳ.①TK229

中国版本图书馆 CIP 数据核字(2021)第276473号

组稿编辑:王路平 电话:0371-66022212 E-mail:hhslwlp@126.com
韩莹莹 66025553 hhslhyy@163.com

出 版 社:黄河水利出版社 网址:www.yrcp.com
地址:河南省郑州市顺河路黄委会综合楼14层 邮政编码:450003

发行单位:黄河水利出版社
发行部电话:0371-66026940、66020550、66028024、66022620(传真)
E-mail:hhslcbs@126.com

承印单位:河南新华印刷集团有限公司

开本:787 mm×1 092 mm 1/16

印张:11

字数:280 千字

版次:2021 年 12 月第 1 版 印次:2021 年 12 月第 1 次印刷

定价:80.00 元

《锅炉能效测试与远程监控技术》

著作人员名单

（按姓氏笔画排序）

邢振华　张永红　李　勇　侯延平　赵彦杰

前 言

锅炉作为工业体系结构中重要的组成部分,普遍应用于发电、化工、制造、供暖等领域。作为高耗能特种设备,锅炉在燃烧和使用过程中排放的大量氮氧化物和粉尘等污染物,成为空气污染的重要源头。目前,我国锅炉普遍存在能源利用效率低、管理水平落后等问题。开展节能监督管理,提高锅炉燃烧效率,降低污染物排放量,促进节能降耗,是国家节能减排政策的重要内容。锅炉运行工况热性能测试可准确反映锅炉的能效状况,是节能监督管理的主要手段。运用远程监测手段,建立对工业锅炉关键节能数据进行采集、汇总、分析并及时反馈的机制,对提高锅炉能效水平、确保锅炉高效运行都有重大意义。

本书以能效测试工作程序为主线,全面介绍了锅炉能效测试方法与要求、锅炉能效主要参数测试方法及注意事项、主要测量仪表基本性能及适用范围、对测试数据的处理及计算等,并介绍了锅炉能效远程监测系统建立及应用的具体要求。

本书撰写人员及分工如下:第 1 章赵彦杰、李勇;第 2 章李勇、张永红;第 3 章李勇、侯延平;第 4 章邢振华、侯延平;第 5 章侯延平、张永红;第 6 章李勇、邢振华;第 7 章张永红、邢振华;第 8 章李勇、赵彦杰。全书由李勇负责统稿。

本书在著作过程中得到了河南省市场监督管理局、河南省锅炉压力容器安全检测研究院的大力支持和帮助,在此向为本书的完成提供支持及帮助的单位和参考文献的原作者表示衷心的感谢!

由于作者水平有限,不妥之处在所难免,敬请读者批评指正。

作 者

2021 年 10 月

目　录

第 1 章　概　述

1.1　术语及定义

1.1.1　锅炉

锅炉(设备代码 1000),是指利用各种燃料、电或者其他能源,将所盛装的液体加热到一定的参数,并通过对外输出介质的形式提供热能的设备,其范围规定为设计正常水位容积大于或者等于 30 L,且额定蒸汽压力大于或者等于 0.1 MPa(表压)的承压蒸汽锅炉;出口水压大于或者等于 0.1 MPa(表压),且额定功率大于或者等于 0.1 MW 的承压热水锅炉;额定功率大于或者等于 0.1 MW 的有机热载体锅炉。

1.1.2　锅炉类别

根据《特种设备目录》,锅炉类别分为承压蒸汽锅炉(设备代码 1100)、承压热水锅炉(设备代码 1200)、有机热载体锅炉(设备代码 1300)。其中有机热载体锅炉又分为有机热载体气相炉(设备代码 1310)、有机热载体液相炉(设备代码 1320)。

1.1.3　锅炉能效测试

锅炉能效测试是指按照国家相关法律法规对锅炉进行运行工况下一系列参数的测量记录,并进行计算得出锅炉热效率。根据《锅炉节能监督管理规程》规定的热效率限定值要求,对能效测试的热效率结果进行判断。

1.1.4　固体燃料

任何在标准状态下以固态形式存在的燃料,包括煤、油页岩、甘蔗渣、木柴和固体废料等。

1.1.5　气体燃料

在标准状态下以气态形式存在的燃料,包括天然气、高炉煤气、焦炉煤气、城市煤气、液化石油气等。

1.1.6　液体燃料

任何在标准状态下以液态形式存在的燃料,包括燃料油、工业废液(如碱液、镁液等)。

1.1.7 燃料消耗量

单位时间内锅炉所消耗的燃料量。

1.1.8 锅炉热效率

同一时间内锅炉有效利用热量与输入热量的百分比。

1.1.9 锅炉额定工况

锅炉在设计额定出力和参数下运行的工作状态。

1.1.10 锅炉实际运行工况

锅炉满足用户实际热负荷需求运行的工作状态。

1.1.11 正平衡法

直接测量输入热量和输出热量来确定效率的方法。

1.1.12 反平衡法

通过测定各种燃烧产物热损失和锅炉散热损失来确定效率的方法。

1.1.13 高位发热

单位质量(重量)的固体或者液体燃料、单位体积的气体燃料在特定的条件下完全燃烧所释放的热量,其中包括烟气中水蒸气凝结成水时放出的热量。

1.1.14 低位发热量

单位质量(重量)的固体或者液体燃料、单位体积的气体燃料在特定的条件下完全燃烧所释放的热量中扣除烟气中水蒸气凝结成水的汽化潜热所得的热量。

1.2 锅炉基本知识

1.2.1 锅炉基本原理

锅炉是将燃料在炉膛内进行燃烧(电能)释放出热量,锅内的工质吸收热量,将水变成一定参数的蒸汽或过热蒸汽,或将水加热变成一定温度的热水,或将有机热载体加热到一定温度,以供发电、生产和生活上使用。

1.2.1.1 锅炉的组成

锅炉设备由锅炉本体和辅助设备两大部分构成。通常,人们把锅炉本体及其辅助设备组成的整套装置称为锅炉设备或锅炉机组,简称为锅炉。

锅炉本体是锅炉设备的主要部分,《锅炉安全技术规程》对锅炉本体的定义为:由锅筒、受热面及其集箱和连接管道,炉膛、燃烧设备和空气预热器(包括烟道和风道)、构架(包括平台和扶梯)、炉墙和除渣设备等所组成的整体。辅助设备通常包括配套的安全附件、自控装置、附属设备等。

锅炉由“锅”和“炉”两个系统以及相配套的安全附件、自控装置、附属设备组成。锅炉的工作过程就是在系统内连续完成的。

锅炉附件有安全附件和其他附件,如安全阀、压力表、水位表、高低水位警报器、排污装置、汽水管道阀门、仪表等。锅炉自控装置包括给水调节装置、燃烧调节装置、点火装置、熄火保护及送、引风机联锁装置等。锅炉附属设备包括燃料制备和输送系统、通风系统、给水系统,以及出渣、除灰、除尘等装置。

1.2.1.2　锅炉工作过程

锅炉产生热水或蒸汽需要以下3个过程:

(1)燃料的燃烧过程。燃料在炉膛内燃烧放出热量的过程,燃料燃烧完全,经济性就高;燃烧不完全,燃料中的热量不能充分放出,就会影响热效率,影响经济性。

(2)烟气的流动和传热过程。火焰和烟气通过受热面将热传给工质的过程,传热情况的好坏取决于受热面积布置及其结垢、积灰程度和排烟气的流程。

(3)工质的加热汽化过程。水吸收热量转变为热水或蒸汽的过程,加热汽化的目的是要得到额定参数(温度和压力)的热水或蒸汽。

1.2.2　锅炉的参数

锅炉参数是表示锅炉性能的主要指标,包括锅炉容量、压力、温度等。

1.2.2.1　锅炉容量

锅炉的容量又称为锅炉出力,是锅炉的基本特性参数。蒸汽锅炉用蒸发量表示,热水锅炉、有机热载体锅炉等用供热量(功率)表示。

1.2.2.2　锅炉压力

锅炉铭牌上标出的压力是锅炉的设计工作压力即表压力,单位一般是MPa,用符号“P”表示。对于工业蒸汽锅炉,通常是指过热器出口处的过热蒸汽压力;如没有过热器,即指锅炉蒸汽出口处的饱和蒸汽压力。对于热水锅炉或有机热载体锅炉,通常指锅炉出口处热水或有机热载体的压力。表示锅炉内部蒸汽(水、有机热载体)的最大允许表压力的数值。

1.2.2.3　锅炉温度

锅炉铭牌上标出的温度是指锅炉输出介质的最高工作温度,又称额定温度。单位一般是℃,用符号t表示。对于无过热器的蒸汽锅炉,其额定温度是指对应于额定压力下的饱和蒸汽温度;对于有过热器的蒸汽锅炉,其额定温度是指过热器主汽阀出口处的过热蒸汽温度。对于热水锅炉或有机热载体锅炉,分别以锅炉出口与进口处的介质温度来表示。

给水温度是指省煤器的进口水温度,无省煤器时即指锅筒进口水温度。

在锅炉技术工作中,温度是经常遇到的基本参数之一。锅炉给水、进风、蒸汽、炉膛火焰、烟气、锅炉钢材和炉墙等都须用温度作为重要标志。

1.2.3 锅炉分类方法

锅炉用途广泛,种类繁多,目前尚无统一的分类方法,常用的锅炉分类方法有如下几种。

1.2.3.1 按用途分类

(1)电站锅炉:生产的蒸气(水蒸气)主要用于发电的锅炉。

(2)船用锅炉:用作船舶动力,一般采用低、中参数,大多燃油。要求锅炉体积小,重量轻。

(3)机车锅炉:用作机车动力,一般为小容量、低参数,火床燃烧,以燃煤为主,锅炉设计紧凑。

(4)工业锅炉:生产的蒸汽、热水或有机热载体用于工业生产和/或民用的锅炉。

1.2.3.2 按结构分类

(1)锅壳锅炉:蒸发受热面主要布置在锅壳内,燃烧的火焰在管内而汽水在管外流动的锅炉。

(2)水管锅炉:烟气在受热面管子外部流动,工质在管子内部流动的锅炉。

1.2.3.3 按锅炉出厂形式分类

(1)整装锅炉:将锅炉本体和燃烧设备在制造厂内组焊完成,并进行完砌炉保温、包装等工作后整体出厂的锅炉。

(2)组装锅炉:将受热面部分和燃烧部分(炉排)分成多个组装件供货,在安装现场进行组合的锅炉。

(3)散装锅炉:以零件、部件形式供货,发运到安装现场,由安装单位现场完成组装的锅炉。

1.2.3.4 按工质分类

(1)蒸汽锅炉:用以产生蒸气(水蒸气)的锅炉。

(2)热水锅炉:用以产生热水的锅炉。

(3)有机热载体锅炉:以有机质液体作为热载体工质的锅炉。

(4)其他工质锅炉:以熔盐等作为热载体工质的锅炉。

1.2.3.5 按循环方式分类

(1)自然循环锅炉:依靠下降管中的水和炉内上升管中的汽水混合物之间的密度差和重位高度产生的压差而推动水循环的锅筒锅炉。

(2)强制循环锅炉:主要依靠下降管和上升管之间装设水循环泵的压头推动水循环的锅炉,又称辅助循环锅炉。

(3)直流锅炉:一般无汽包,工质在给水泵压头的作用下,按顺序依次流过加热段、蒸发段和过热段等各级受热面而产生额定参数蒸气的锅炉。

1.2.3.6 按燃烧方式分类

(1)火床燃烧锅炉:燃料主要在炉排上燃烧,主要用于工业锅炉,其中包括固定排炉、抛煤机炉、滚动炉排炉、下饲式炉排炉和往复炉排炉等。

(2)火室燃烧锅炉:主要用于电站锅炉,燃烧液体燃料、气体燃料和煤粉的锅炉都是火室燃烧锅炉。火室燃烧时,燃料主要在炉膛空间悬浮燃烧。

(3)流化床燃烧锅炉:送入炉排的空气流速较高,使大粒燃煤在炉排上面的流化床中翻腾燃烧,小粒燃煤随空气上升并燃烧。宜用于燃用劣质燃料,目前只用于锅炉。最近正在开发大型循环流化燃料锅炉。

(4)旋风炉:有卧式和立式两种,燃用粗煤粉或煤屑。微粒燃料在旋风筒中央悬浮燃烧,较大煤粒贴在筒壁燃烧,液态排渣。

1.2.3.7　按危害性及失效模式分类

根据《锅炉安全技术规程》,将锅炉设备分为 A、B、C、D 四个级别。

1.A 级锅炉

其中 A 级锅炉是指 $P \geqslant 3.8$ MPa 的锅炉(P 是指锅炉额定工作压力,对蒸汽锅炉代表额定蒸汽压力,对热水锅炉代表额定出水压力,对有机热载体锅炉代表额定出口压力),包括以下几类:

(1)超临界锅炉,$P \geqslant 22.1$ MPa。

(2)亚临界锅炉,16.7 MPa $\leqslant P <$ 22.1 MPa。

(3)超高压锅炉,13.7 MPa $\leqslant P <$ 16.7 MPa。

(4)高压锅炉,9.8 MPa $\leqslant P <$ 13.7 MPa。

(5)次高压锅炉,5.3 MPa $\leqslant P <$ 9.8 MPa。

(6)中压锅炉,3.8 MPa $\leqslant P <$ 5.3 MPa。

2.B 级锅炉

(1)蒸汽锅炉,0.8 MPa $< P <$ 3.8 MPa。

(2)热水锅炉,$P <$ 3.8 MPa,且 $t \geqslant 120$ ℃(t 为额定出水温度,下同)。

(3)气相有机热载体锅炉,$Q >$ 0.7 MW(Q 为额定热功率,下同)。

(4)液相有机热载体锅炉,$Q >$ 4.2 MW。

3.C 级锅炉

(1)蒸汽锅炉,$P \leqslant$ 0.8 MPa,且 $V >$ 50 L(V 为设计正常水位水容积,下同)。

(2)热水锅炉,0.4 $< P <$ 3.8 MPa,且 $t <$ 120 ℃;$P \leqslant$ 0.4 MPa,且 $95 < t < 120$ ℃。

(3)气相有机热载体锅炉,$Q \leqslant$ 0.7 MW。

(4)液相有机热载体锅炉,$Q \leqslant$ 4.2 MW。

4.D 级锅炉

(1)蒸汽锅炉:$P \leqslant$ 0.8 MPa,且 $V \leqslant$ 50 L。

(2)热水锅炉:$P \leqslant$ 0.4 MPa,且 $t \leqslant 95$ ℃。

1.3　锅炉的结构

1.3.1　锅炉受压部件

组成锅炉本体的主要受压部件是指锅炉在运行中锅炉本体承受内部或外部介质压力作用的零件、部件。水管锅炉受压部件有锅筒、集箱、下降管、水冷壁、对流管束、凝渣管、防焦箱等,锅壳锅炉受压部件有锅壳、炉胆、回燃室、烟管、冲天管、管板、下脚圈、喉管、拉撑件等;锅炉的辅助受热面主要有过热器、省煤器、空气预热器等。

1.3.1.1 水管锅炉的主要受压部件

1.锅筒(汽包)

锅筒又称汽包,是水管锅炉用以净化蒸汽、组成水循环回路和蓄水的筒形受压容器装置,由筒体和封头组成。

在双锅筒锅炉中,锅筒按其布置位置可分为上锅筒、下锅筒。上锅筒既有汽空间又有水空间,下锅筒只有水空间。上锅筒内部一般装有改善净化蒸汽品质用的汽水分离器,均匀分配给水用的配水槽和连续排污装置。大容量水管锅炉的锅筒内还装有稳定水位的板。上锅筒外部装有主汽阀、副汽阀、安全阀、排空阀、压力表和水位表连接管及连续排污管。为了安装和检修方便,在上锅筒一端或顶部还装有人孔装置。下锅筒的一端封头上也要安装人孔装置,底部还装有定期排污装置。上、下锅筒之间安装许多根受热管子,一部分作为上升管,一部分作为下降管,组成对流管束。在锅炉运行中形成自然水循环回路,同时整体部件呈弹性结构。

2.集箱(联箱)

集箱又称联箱,指用以汇集或分配多根管子中工质(水、汽水混合物、蒸汽)的筒形压力容器,由筒体、端盖组成,其作用是汇集、分配锅水,保证对受热面可靠供水,一般采用ϕ 159 mm 以上锅炉无缝钢管制作。置于锅炉上部的称为上集箱,置于锅炉下部则称为下集箱。向并联管束分配工质的集箱,称为分配集箱,由并联管束汇集工质的集箱,称为汇集集箱。在水冷壁下集箱的底部设有排污管,用来定期排出沉积在集箱底部的泥渣和水垢。集箱一端的封头上开设手孔,便于清理内部。

3.下降管

下降管置于锅筒与下集箱之间,有的锅炉将其置于上、下锅筒之间。其主要作用是把上锅筒的锅水输送到下集箱或下锅筒,使受热面的管子得到足够的循环水量,是锅炉安全运行不可缺少的受压部件。管径一般采用ϕ 133 mm 以上的锅炉无缝管制作。下降管不应受热,一般置放在炉墙体外面,否则将对其采取绝热措施。

4.水冷壁

沿着炉膛内壁并排布置的管子,形成水冷的屏壁,称为水冷壁。水冷壁作为锅炉的辐射受热面,其主要作用是吸收炉膛高温辐射热量、降低炉膛温度,保护炉墙,防止燃烧层结焦。水冷壁一般采用光管或鳍片管,管径一般为45~63.5 mm。一般水冷壁的上部与上锅筒直接连接,或者先经过上集箱再与上锅筒连接。水冷壁的下部与下集箱连接。上锅筒内的锅水通过下降管流入下集箱,然后经过水冷壁管吸收热量,逐渐形成汽水混合物,再经过上集箱或直接流回上锅筒,组成了一个闭合的自然循环系统。

5.对流管束

在对流烟道内布置的对流受热面的管群,管内工质与高温烟气以对流传热方式吸收高温烟气的热量。对流管束又称为“对流排管”,是置于上、下锅筒之间的密集管束,管束与上下锅筒连接可以是胀接也可以是焊接。我国锅炉一般采用ϕ 51 mm×2.5 mm 的锅炉钢管组成,其主要作用是吸收高温烟气的热量。水冷壁和对流管束是中小型水管锅炉的主要受热面。

由对流管束和上、下锅筒组成了闭合水循环回路,即上锅筒→下降管束→下锅筒→上升管束→上锅筒。由于对流管束各部分受热情况不同,受热较强的一部分管束为上升管束,受热较弱的一部分管束则为下降管束。

由于燃烧工况的不断变化,上升管束和下降管束没有明显的分界线。为了充分吸收热量,通常在对流管束中间用隔墙组成几个烟道,延长烟气在对流管束内的流程,引导烟气往返冲刷管束。当横向冲刷时,烟气流动方向与管束垂直,传热效果优于纵向冲刷形式,同属横向冲刷时,管子错排(叉排)的传热效果优于顺排形式。

6.凝渣管

后墙水冷壁管在炉膛出口处拉开间距而成几排管子,起防止炉膛出口温度过高而引起后面密集的过热受热面结渣的作用。

7.防焦箱

防焦箱是装设在炉排两侧炉墙内壁上的水冷集箱,它除了有集箱的功能外,还有防止炉墙黏附炉灰熔渣,保护炉墙和炉排的作用。

1.3.1.2　锅壳式锅炉的受压部件

1.锅壳

锅壳是指作为锅炉汽水空间外壳的筒形压力容器,在火管锅炉中,烟气在火筒(俗称炉胆)和烟、火管中流动,以辐射和对流方式将热量传递给工质,使之受热形成蒸汽或热水。容纳水和蒸汽,并兼作锅炉外壳的筒形受压容器被称为锅壳。锅炉受热面——火筒(炉胆)和烟管布置在锅壳之中。燃烧装置布置在火筒(炉胆)之中,并以火筒(炉胆)为炉膛的燃烧方式称为内燃;反之,燃烧装置布置在锅壳之外者称为外燃。

2.炉胆

炉胆是锅壳锅炉燃料燃烧的空间,是立式锅炉和卧式内燃锅炉的主要辐射受热面,这一点相当于水管锅炉的炉膛,不同点在于炉胆还和锅壳一起构成了锅炉的汽水空间,所以炉胆承受外压。

炉胆可设计为波形炉胆,也可设计为平炉胆。为了减小热膨胀应力,增加辐射受热面,减轻锅壳、管板和炉胆本身产生的热应力,减轻受热伸长在炉胆与管板连接处所造成的应力,集中炉胆多设计为波形炉胆。波形炉胆是燃气燃油锅炉的重要部件,该部件直接受到高温火焰的辐射和高温烟气的冲刷。

3.回燃室

回燃室一般是指湿背式锅炉炉胆后部浸在锅水中的烟气折返空间,从炉胆来的烟气由此进入下一个回程。

(1)烟(火)管。烟(火)管是烟气在管内流动的蒸发受热面。烟(火)管是锅壳锅炉的对流受热管,它与水管对流管束的作用相同,不同的是水管对流管束烟气流经管外,而烟管对流管束烟气流经管内。也可使用内螺纹烟管,即管内壁呈螺纹状,这种烟管传热效果比普通烟管要好,燃油和燃气锅炉上应用较多。

(2)冲天管。冲天管指立式锅壳锅炉烟气由炉胆顶排至锅壳外的管道。

(3)管板。装有烟管的平板或凸形(拱形或椭球形)板称为管板。管板上没有安装烟管的区域是承压薄弱部分,通常用角撑板或圆钢等斜拉撑元件来加强。烟管管束区域内的管板,当采用胀接方式时也需要以直拉撑管予以加固。

目前,我国烟管管板形式有三种:拉撑平管板、无拉撑椭球形管板、无拉撑拱形管板。无拉撑椭球形管板与无拉撑拱形管板统一称为无拉撑凸形管板,或简称“凸形管板”。

(4)下脚圈。下脚圈指立式锅壳锅炉下部连接炉胆与锅壳的部件,有U形、S形、H形等连接形式。现在一般将环形钢板制成U形,分别与炉胆和锅壳相连,称为U形下脚圈或U形圈。这种下脚圈弹性、强度较好。该部位容易沉积水垢,严重时会影响炉胆下部的正常传热,是立式锅壳锅炉的薄弱环节。

(5)喉管。喉管一般指立式锅壳锅炉烟气由炉胆进入烟箱的咽喉似的短管,是烟气流出炉胆的通道。

(6)拉撑件。常用的拉撑件有角板撑、管拉撑和杆拉撑等。在锅壳式锅炉中,为了加强管板承受的压力,必须加装拉撑件,这样既可提高管板强度,降低管板厚度,也可改善管板与筒体连接部位的受力状况。拉撑件不能采用拼接。

1.3.1.3 锅炉的辅助受热面

1.过热器

过热器是布置在炉膛上方或出口烟气温度较高处,用由多根无缝钢管弯制成的蛇形管吸收高温烟气的温度加热管内流经的饱和蒸汽的受压部件,两端与集箱连接。过热器的作用是将导出汽包的饱和蒸汽继续加热,使之具有一定的过热度,即规定的过热温度,从而降低生产工艺需要的蒸汽耗量,同时满足生产工艺需要。过热器管径般采用ϕ 38~45 mm的锅炉用碳钢管或合金钢管与集箱连接,通常采用焊接形式,为过热器的几种布置方式。

工业用小型水管锅炉中,仅有一部分设置过热器,即生产工艺要求使用过热蒸汽的,一般布置在炉膛出口的高温烟道内,过热器两端分别连接在过热器进口集箱及出口集箱上,进口集箱以管道与锅炉锅筒相连,出口集箱以管道与锅炉分汽缸或主汽阀相连。

2.省煤器

省煤器是一种热交换器。为了回收烟气中的热量,加热锅炉给水,减少排烟热损失,以提高锅炉的热效率,一般在锅炉对流受热面的尾部烟气出口处设置省煤器。

按给水被加热的程度,省煤器可分为非沸腾式省煤器和沸腾式省煤器两种。非沸腾式省煤器多采用铸铁管制成,也有用钢管制成的。而沸腾式省煤器只能用钢管制作。铸铁省煤器多应用于压力小于或等于2.45 MPa的锅炉。

(1)铸铁省煤器。有光管型省煤器和鳍片型省煤器两种,目前普遍采用的是鳍片型省煤器。铸铁省煤器是鳍片型省煤器,即在铸铁管上铸有圆形或方形的鳍片,目的是增加受热面,减少省煤器体积。由于铸铁的脆性,从安全考虑,工作压力不应过高,不允许被加热的水达到沸腾温度,防止产生蒸汽造成水击。因此,铸铁省煤器又称非沸腾式省煤器,一般省煤器的出水温度要控制在比锅炉工作压力下的饱和温度低30~40 ℃。铸铁省煤器的另一特性是耐腐蚀,对没有除氧的设备适用。

铸铁省煤器的管路系统,在进口处应装设压力表、安全阀和温度计,在出口处应装设安全阀、温度计和空气阀。

省煤器应装有旁通烟道,目的是锅炉点火时省煤器中的水不流动,烟气可由旁通烟道进入,绕过省煤器,以免省煤器金属过烧损坏。无旁通烟道时,如要保护省煤器,应连续进水,要装设再循环管路,使省煤器出水通入回水箱。

(2)钢管式省煤器。适用于给水经热力除氧或给水温度较高的容量较大的锅炉。钢管省煤器由许多平行的蛇形管组成,交错排列,传热效果好。钢管省煤器不仅能将进入锅筒的水加热到饱和温度,而且也能产生部分蒸汽(占总给水量的10%~20%)。钢管省煤器的优点是能忍受高压,不怕形成水击,不易积灰,但水质要求高,不耐腐蚀。钢管省煤器不需要旁通烟道,也不需要阀门及附件,只需在省煤器进口处装再循环管,其结构与锅筒相连接。点火时水在省煤器中循环,供汽时关闭再循环管路阀门,使给水进入省煤器。

安装省煤器的优点如下:①提高给水温度,使炉水与给水的温差缩小,减小锅筒的热应力,利于防止筒壁出现裂纹;②改善水的品质,减轻有害气体对钢板的腐蚀;③由于给水温度的提高,水的升温过程缩短,汽化能力增强;④设置省煤器还能减少本体受热面积,节省钢材,降低造价。

安装省煤器的缺点如下:①安装省煤器后,烟气阻力加大,风机的功率也要相应加大;②烟温必须控制在露点以上,否则易于形成露点腐蚀,同时易于积灰等;③铸铁省煤器的接头处易泄漏等。

(3)空气预热器。空气预热器是利用烟气余热,提高进入炉膛内空气的温度,从而提高炉膛温度,使辐射传热量增加,降低锅炉排烟温度,提高热效率。

低压锅炉,因给水温度很低,用省煤器已能很有效地将烟气冷却到合理的温度,常无空气预热器。不过有的锅炉,为了改善着火燃烧条件,有采用空气预热器的。管式空气预热器是锅炉常用的空气预热器,由许多薄壁钢管装在上、下及中间管板上形成管箱,此种空气预热器加工制造方便,但是由于结构不紧凑,管内容器积灰,密封困难;另外还有一种立式空气预热器,常用于燃煤锅炉。

1.3.2 锅炉的附件

锅炉相关配套设施包括锅炉房、锅炉辅助设备,前者是锅炉安放和工作的场所,后者是安装在锅炉本体之外的必备设备,通常包括给煤设备、除渣设备、通风设备、除尘设备、给水设备、水处理设备、取样冷却器、分汽缸、分水缸与回水缸、除污器等。其中常见的是分汽缸。分汽缸是蒸汽锅炉不可缺少的附属设备,其主要作用是分配蒸汽,因此分汽缸上有多个阀座连接锅炉的主汽阀及配汽阀门。它还有储存蒸汽、多台锅炉蒸汽并用的作用。此外,还有一定的汽水分离能力。常用的分汽缸是圆筒形的,两端为椭圆形封头。

1.3.3 锅炉安全附件及仪表

锅炉的安全附件是指为了使锅炉能够安全运行而装设在设备上的一种附属设备,习惯上人们还把一些显示设备中与安全有关的参数的计量仪器,也称为安全附件。

锅炉附件,主要是指锅炉上使用的安全阀、压力表、水位表、排污阀等,是锅炉正常运行中不可缺少的组成部件。其中压力表、水位计和安全阀是保证蒸汽锅炉安全运行的基本附件,对蒸汽锅炉的安全运行极为重要,因此被称为蒸汽锅炉的三大安全附件。热水锅炉也必须配备压力表和安全阀，才能保证其安全运行。

1.3.3.1 安全阀

安全阀是锅炉上的重要安全附件之一，它对锅炉内部压力极限值的控制及对锅炉的安全保护起着重要的作用。当锅内的压力升高到超过规定值（安全阀的开启压力）时，安全阀自动开启排泄工质；当锅内压力降到规定值（安全阀的回座压力）时，安全阀自动关闭。由此可见，安全阀在锅炉运行中起着防止超压运行的作用。安全阀配置不当或不符合使用要求，就容易发生锅炉的超压以致爆炸事故，因此每台锅炉都应该安装安全可靠的安全阀。

1.3.3.2 爆破片

装上了爆破片的设备，如发生超压，膜片自行破裂，介质迅速外泄，压力很快下降，设备得到保护。

爆破片的特点在于结构简单、灵敏、准确，无泄漏，泄放能力强，动作非常迅速。与安全阀相比，它受介质黏附积聚的影响小。在膜片破裂之前能保证容器的密闭性，排放能力不受限制。但是，膜片一旦破裂，在换上新的爆破片之前，容器一直处于敞开状态，生产不得不中断，这是爆破片最根本的缺点。

1.3.3.3 压力测量装置

压力表也是锅炉上的重要安全附件，它的作用是用来准确测量锅炉上所需测量部分压力的大小。准确测量出锅炉上的压力不仅能正确地控制锅筒内的压力，保证锅炉的安全，而且对锅炉的经济运行有极其重要的意义。

1.3.3.4 水位表

水位表又称水位计，是锅炉必不可少的安全附件之一。它的作用是显示锅炉内水位的高低。在操作中，司炉人员通过水位表观察到水位的高低，就知道锅炉内存水的多少，及时、恰当地进水。如果锅炉没有水位表，或水位表损坏或者模糊不清，使司炉人员看不见水位而盲目进水，就会发生事故。所以，每台锅炉必须按规定装设灵敏可靠的水位计，没有水位计或者水位计失灵的锅炉，是绝对不允许投入运行的。

1.3.3.5 排污和放水装置

锅炉排污装置的作用是为了排放锅炉内由于锅水蒸发而残留下的水垢、泥渣及其他有害物质，使锅水的水质控制在允许的范围内，受热面保持清洁，从而确保锅炉的安全、经济运行。排污装置也能在停炉、满水时起放水的作用。

1.3.3.6 温度测量装置

温度是锅炉热力系统的重要状态参数之一，为了掌握锅炉的运行状况，做好锅炉的安全经济运行，在锅炉和热力系统中，对锅炉的给水、蒸汽和烟气等介质都要依靠温度仪表来进行测量监视。

1.3.3.7 保护装置

为了防止情况异常时出现事故，在锅炉上除按规定装设安全附件和必要的测量显示仪表外，还必须装设一些必要的保护装置。其作用是：在锅炉运行参数超过允许值或设备本身出现异常时，自动显示声、光信号报警；自动完成一些保护动作或联锁动作，消除产生事故的条件或停止运行，防止事故的发生，保证锅炉安全。

1.4 锅炉系统

1.4.1 蒸汽锅炉

蒸汽锅炉汽水系统分为三大部分,第一部分是给水系统。原水(自来水)经过水处理设备软化后进入软化水水箱,给水泵将软化水送入锅炉的省煤器(或节能器)加热,加热后的水进入锅筒。对有除氧器的锅炉而言,原水(自来水)经过水处理设备软化后进入软化水水箱,软化水经除氧泵、除氧器除氧后送入锅炉的省煤器(或节能器)加热,加热后的水进入锅筒。第二部分是蒸汽系统。对水管锅炉而言,锅筒中的给水一部分经过下降管进入下集箱,经水冷壁加热后形成汽水混合物进入锅筒,第二部分被烟管加热形成汽水混合物。对火管锅炉而言,锅筒中的水直接被烟管加热形成汽水混合物。对水管锅炉而言,锅筒中的水一部分经过下降管进入下集箱,经水冷壁加热后形成汽水混合物进入锅筒,另一部分被对流管束加热形成汽水混合物。对无设置过热器的锅炉而言,形成的汽水混合物在锅筒内经汽水分离后通过主汽阀、主蒸汽管道进入分汽缸,通过分汽缸再分配给蒸汽用户。对设置有过热器的锅炉而言,形成的汽水混合物在锅筒内经汽水分离后通过主汽阀、主蒸汽管道进入过热器,在过热器内加热后进入分汽缸,通过分汽缸再分配给蒸汽用户。第三部分是排污系统。锅炉内的水由于长时间蒸发,锅水中的盐分和杂质会不断浓缩,为满足锅炉水质要求,防止结垢、腐蚀,根据锅水水质指标,必须进行排污。锅筒或集箱排污时,对设置有定期排污扩容器的锅炉,污水经排污阀、排污管排至定排扩容器,再排至锅炉房外安全地点;对没有设置定期排污扩容器的锅炉,污水经排污阀、排污管排直接排至锅炉房外安全地点。对设置有连续排污膨胀器的锅炉,污水经排污阀、节流阀、排污管排至连续排污扩容器,最后排至锅炉房外安全地点,产生的蒸汽进入除氧器或者软水箱。

1.4.2 热水锅炉

热水锅炉的水系统分为三大部分,第一部分是补水系统。原水(自来水)经过水处理设备软化后进入软化水水箱,由补水泵将软化水送入热水系统;设置有除氧器时,原水(自来水)经过水处理设备软化后进入软化水水箱,经除氧后,由补水泵将除氧水送入热水系统,保证系统内充满水,通过使用高位水箱或定压罐等方式保证热水系统压力稳定。第二部分是热水锅炉的供热循环水系统,包括供水系统与回水系统。供水系统是锅炉锅筒出来的高温水经除气罐、主出水阀、主出水管道进入分水缸,然后通过分水缸分配给不同的热用户;回水系统是热水在不同的热用户散热后的低温水经回水管道汇集到回水缸,回水缸的回水经循环泵再进入锅炉锅筒,经锅炉加热后再次进入分水缸,再次进入热用户,如此循环。第三部分是锅炉的排污系统。由于热水供热系统管网较长,锅炉参与了系统的循环,管网中的杂质、铁锈等会不断地被带入锅炉,在锅筒、集箱底部沉积,水处理不好也会有水渣、水垢沉积,因此必须进行排污。锅筒或集箱排污时,排污水经排污阀、排污管排至锅炉房外安全地点。

1.4.3 有机热载体锅炉

有机热载体炉有气相炉和液相炉之分。气相炉内的热载体是靠气相炉的压力向外输送的,是一种自然循环的有机热载体炉;液相炉是靠循环泵的压头将有机热载体打入热网系统来满足生产工艺需要的锅炉(强制循环方式)。国内较多采用液相炉。

循环泵安装在液相炉有机热载体的入口处,称为注入式。注入式强制循环系统由有机热载体本体、循环泵、膨胀罐、储存罐、过滤器、注油泵、油气分离器、管道膨胀补偿器及仪表阀门等组成。盘管式和管架式有机热载体炉的循环方式大多设计安装成注入式强制循环系统。循环泵安装在液相炉有机热载体的出口处,称为抽吸式。抽吸式强制循环系统由有机热载体炉本体、循环油泵、膨胀罐、储存罐、过滤器、注油泵、油封罐、管道膨胀补偿器及仪表阀门等组成。锅壳式有机热载体炉的循环方式大多设计安装成抽吸式强制循环系统。

有机热载体炉循环系统中的辅助装置主要有膨胀罐、膨胀管、储存罐、循环泵、过滤器等。这些装置的结构、安装及性能的好坏,都直接影响到有机热载体炉的安全运行。

1.5 锅炉污染物排放

近年来,我国环境保护工作虽然取得积极进展,但环境状况总体恶化的趋势尚未得到根本遏制,以煤为主的能源结构导致大气污染物排放总量居高不下,许多地区主要污染物排放量超过环境容量;区域性大气环境问题突出,部分区域和城市大气雾霾现象突出;复合型大气污染日益突出,大量排放二氧化硫、氮氧化物与挥发性有机物导致的细颗粒物、臭氧、酸雨等二次污染呈加剧态势。

据统计,我国有各种容量的在用锅炉 62.03 万台,工业锅炉 61.06 万台,总功率约 351.29 万 MW,燃煤工业锅炉约 52.7 万台,占总量的 85%左右,年煤耗量达到 7.2 亿 t。我国工业锅炉排放烟尘 1 601 万 t/a,排放二氧化硫 718.5 万 t/a,排放氮氧化物 271 万 t/a。

工业锅炉主要集中在供热、冶金、造纸、建材、化工等行业,主要分布在工业和人口集中的城镇及周边等人口密集地区,以满足居民采暖和工业用热水和蒸汽的需求为主,由于工业锅炉的平均容量小,排放高度低,燃煤品质差、差异大、治理效率低,污染物排放强度高,环境影响较容易受到关注,对城市大气污染贡献率高达 45%~65%。因此,我国把控制锅炉的污染列为环境保护的重要工作之一。

1.5.1 锅炉的大气污染

1.5.1.1 锅炉污染物

锅炉炉外过程就是燃料燃烧释放热量的过程,燃料的燃烧产物中,会产生对大气污染的有害物质。锅炉燃料燃烧过程中所产生的主要污染物包括粉尘、二氧化硫和氮氧化物等。

1.粉尘

固体燃料含有一定数量的灰分,灰分本身是不可燃烧的,燃料燃烧后成为燃烧产物中的灰渣和粉尘;燃料中的碳氢化合物以及燃烧过程中析出的挥发物,在高温缺氧情况下形成炭黑粒子;液体燃料由于雾化不良、炉温太低或燃料与空气混合不匀,燃烧时也会形成炭黑粒子;即使是气体燃料在燃烧过程中,当空气供应不足时,也会因热分解而产生炭黑粒子。

影响粉尘形成的因素主要包括燃料种类、氧气浓度与空气过剩系数、燃料粒径、惰性气体、燃烧室压力和燃烧温度等。

2.二氧化硫

煤中以有机硫和黄铁矿硫的形式存在的硫在燃烧过程中全部参加反应,氧化为二氧化硫,而硫酸盐则不参与燃烧。液体燃料中的硫主要以游离硫、硫化氢等的形式存在,在燃料燃烧过程中很容易与氧作用转化为二氧化硫;气体燃料中的硫主要以气态硫化氧的形式存在,在燃烧过程中几乎全部转化为二氧化硫。

燃料中的硫在燃烧过程中与氧反应,主要产物是SO_2、SO_3,但SO_3的浓度相当低。目前还不能通过改进燃烧技术的方法来控制SO_2的生成量,因此SO_2的生成量正比于燃料中的含硫量。

3.氮氧化物

在燃烧过程中,NO_x生成的途径有3条:一是空气中氮在高温下氧化产生,称为热力型NO_x;二是由于燃料挥发物中碳氢化合物高温分解生成的CH自由基和空气中氮气反应生成HCN和N,再进一步与氧气作用以极快的速度生成NO_x,称为快速型NO_x;三是燃料中含氮化合物在燃烧中氧化生成的NO_x,称为燃料型NO_x。

燃煤锅炉NO_x排放以燃料型为主,热力型和快速型的NO_x可以忽略不计,影响燃料型NO_x的主要成因是空气燃料混合比,即过量空气系数越大,NO_x产生量越高,中小型层燃炉NO_x排放浓度随燃料挥发分的增加而降低,NO_x排放浓度与过量空气系数和燃煤含氮量呈正相关。

在燃油锅炉中以热力型和燃料型为主,燃料型NO_x占50%以上,快速型可以不考虑,影响热力型NO_x生成的主要因素是炉膛温度、氧气浓度和停留时间,影响燃料型NO_x的成因主要是燃料空气混合比,所以燃油锅炉NO_x的控制应从燃烧控制入手。

4.汞及其化合物

燃煤汞排放是主要的人为大气汞排放源。2007年汞在大气中的排放量约为643 t,其中工业锅炉的排放量占33%,是继燃煤电厂之后的第二大排放源。

我国燃煤中汞的含量在0.03~0.52 μg/g,平均含量为0.20 μg/g。燃料煤中的汞燃烧过程中56.3%~61.7%随烟气排放,23.1%~26.9%进入飞灰,仅有2%进入灰渣,可见煤燃烧过程中污染关键的是烟气中汞的排放。《锅炉大气污染物排放标准》首次对燃煤工业锅炉规定了汞及其化合物排放限值。

1.5.1.2 锅炉污染物的影响

1.粉尘的影响

悬浮在空中肉眼无法分辨的大量微粒使能见度恶化的天气现象称为霾,又称灰霾。霾的核心物质是空气中悬浮的颗粒物,由于PM2.5对可见光具有较强的散射能力,从而影响能见度,因此PM2.5是导致霾发生的主要因素之一。

颗粒物对人体的影响程度主要取决于自身的粒度大小及化学组成。总悬浮微粒(TSP)中粒径大于10 μm的物质,几乎都可被鼻腔和咽喉所捕集,不进入肺泡。对人体影响最大的是10 μm以下的可吸入颗粒物(PM10)和细颗粒物(PM2.5)。飘尘可经过呼吸道沉积于肺泡。慢性呼吸道炎症、肺气肿、肺癌的发病与空气颗粒物的污染程度明显相关,当长年接触颗粒物浓度高于0.2 mg/m^{3}的空气时,其呼吸系统病症增加。

2.二氧化硫的影响

二氧化硫是酸雨的重要来源,酸雨给地球生态环境和人类社会经济都带来严重的影响和破坏。研究表明,酸雨对土壤、水体、森林、建筑、名胜古迹等均带来严重影响,不仅造成重大经济损失,更危及人类生存和发展。

通过呼吸系统吸入易被湿润的黏膜表面吸收生成亚硫酸、硫酸。对眼及呼吸道黏膜有强烈的刺激作用。大量吸入可引起肺水肿、喉水肿、声带痉挛而致窒息。轻度中毒时,发生流泪、畏光、咳嗽、咽喉灼痛等;严重中毒可在数小时内发生肺水肿;极高浓度吸入可引起反射性声门痉挛而致窒息。皮肤或眼接触发生炎症或灼伤。长期低浓度接触,可有头痛、头昏、乏力等全身症状,以及慢性鼻炎、咽喉炎、支气管炎、嗅觉及味觉减退等。

3.氮氧化物的影响

以一氧化氮和二氧化氮为主的氮氧化物是形成光化学烟雾和酸雨的一个重要原因;氮氧化物与碳氢化合物经紫外线照射发生反应形成的有毒烟雾,称为光化学烟雾。光化学烟雾具有特殊气味,刺激眼睛,伤害植物,并能使大气能见度降低;氮氧化物与空气中的水反应生成的硝酸和亚硝酸是酸雨的成分。

氮氧化物可刺激肺部,使人较难抵抗感冒之类的呼吸系统疾病,呼吸系统有问题的人士如哮喘病患者,会较易受二氧化氮影响。对儿童来说,氮氧化物可能会造成肺部发育受损。研究指出,长期吸入氮氧化物可能会导致肺部构造改变,但仍未可确定导致这种后果的氮氧化物含量及吸入气体时间。

4.汞及其化合物

汞在环境中可通过大气和河流/洋流两种介质长距离传输,其长距离传输和远距离沉降特征,使得汞的局部排放可能造成跨界污染,成为区域性问题,甚至对整个全球环境造成影响,成为全球性问题。

汞是具有巨毒性、持久性、易迁移性、高度生物蓄积性的化学物质,可通过呼吸、皮肤接触、饮食、母婴遗传等方式进入人体,对人体健康造成危害。汞侵入呼吸道后可被肺泡完全吸收并经血液运至全身。血液中的金属汞,可通过血脑屏障进入脑组织,然后在脑组织中被氧化成汞离子。由于汞离子较难通过血脑屏障返回血液,因而逐渐蓄积在脑组织中,损害脑组织。在其他组织中的金属汞,也可能被氧化成离子状态,并转移到肾中蓄积起来。金属汞慢性中毒的临床表现,主要是神经性症状,有头痛、头晕、肢体麻木和疼痛、肌肉震颤、运动失调等。大量吸入汞蒸汽会出现急性汞中毒,其症候为肝炎、肾炎、蛋白尿、血尿和尿毒症等。

"水俣病"于1953年首先在日本九州熊本县水俣镇发生,当时由于病因不明,故称之为水俣病。水俣病是指人或其他动物食用了含有机汞污染的鱼和贝类,使有机汞侵入脑神经细胞而引起的一种综合性疾病,是世界上最典型的公害病之一。

1.5.2 我国锅炉大气污染治理

1973 年我国发布实施了第一个污染物排放标准《工业“三废”排放试行标准》(GB J 4—1973),其中对锅炉提出了烟尘控制指标。1983 年发布实施了第一个专门针对锅炉烟尘排放标准《锅炉烟尘排放标准》(GB 5381—1983),增加了烟气黑度控制指标,对锅炉安装除尘器做出了规定和要求。1991 年发布了《锅炉大气污染物排放标准》(GB 13271—1991),标准中增加了 SO_2排放限值,增加了锅炉的初始排尘浓度限值,这就意味着对锅炉烟尘的控制由末端提前到全过程。标准中锅炉烟尘排放浓度的加严,促使锅炉除尘控制技术不断提高。对烟囱根数减少和烟囱高度增加方面做了规定。2001 年发布了《锅炉大气污染物排放标准》(GB 13271—2001)标准中增加了氮氧化物的排放限值。把控制范围扩大到燃油气锅炉。

2014 年 5 月 16 日,发布了新版《锅炉大气污染物排放标准》(GB 13271—2014),从 2014 年 7 月 1 日开始实施。标准增加了燃煤锅炉氮氧化物和汞及其化合物的排放限值,规定了大气污染物特别排放限值,取消了按功能区和锅炉容量执行不同排放限值的规定,取消了燃煤锅炉烟尘初始排放浓度限值,提高了各项污染物排放控制要求。

我国锅炉大气污染物排放标准适用于以燃煤、燃油和燃气为燃料的单台出力 65 t/h 及以下蒸汽锅炉,各种容量的热水锅炉及有机热载体锅炉,各种容量的层燃炉、抛煤机炉。使用型煤、水煤浆、煤矸石、石油焦、油页岩、生物质成型燃料等的锅炉,参照本标准中燃煤锅炉排放控制要求执行。标准不适用于以生活垃圾、危险废物为燃料的锅炉。

1.5.2.1 主要控制指标

(1)颗粒物排放浓度。

颗粒物(particulate matter)又称尘,指大气中的固体或液体颗粒状物质。

TSP,英文 Total Suspended Particulate 的缩写,即总悬浮微粒,又称总悬浮颗粒物。指用标准大容量颗粒采集器在滤膜上收集到的颗粒物的总质量。

粒径小于 100 μm 的称为 TSP,即总悬浮物颗粒;粒径小于 10 μm 的称为 PM10,即可吸入颗粒;粒径小于 2.5 μm 的称为 PM2.5,即细颗粒物。TSP、PM10、PM2.5 在粒径上存在着包含关系,即 PM2.5 为 PM10 和 TSP 的一部分,PM10 为 TSP 的一部分。

(2)二氧化硫排放浓度。

(3)氮氧化物排放浓度。

(4)汞及其化合物排放浓度。

(5)烟气黑度(林格曼黑度,级)。

林格曼是反映烟气烟尘黑度(浓度)的一项指标。

19 世纪末法国科学家林格曼将烟气黑度划分为六级,用于固定污染源排放的灰色或黑色烟气在排放口处黑度的监测。

标准的林格曼烟气黑度图由 14 cm×21 cm 不同黑度的图片组成,除全白与全黑分别代表林格曼黑度 0 级和 5 级外,其余 4 个级别是根据黑色条格占整块面积的百分数来确定的,黑色条格的面积占 20%为 1 级,占 40%为 2 级,占 60%为 3 级,占 80%为 4 级。

把林格曼烟气黑度图放在适当的位置上,将烟气的黑度与图上的黑度相比较,由观察者用目视观察来测定固定污染源排放烟气的黑度。

烟气黑度的测试通常采用对照法或测烟望远镜观测。对照法即是用林格曼烟气浓度图与烟囱排出的烟气按一定的要求比较测定。测烟望远镜具有体积小、易携带、观测方便等特点。观测时,可将烟气与镜片内的黑度图比较测定。

1.5.2.2 在用锅炉大气污染物排放浓度限值

在用锅炉指标准实施之日(2014 年 7 月 1 日)前,已建成投产或环境影响评价文件已通过审批的锅炉。

1.新建锅炉控制指标

新建锅炉指标准实施之日(2014 年 7 月 1 日)起,环境影响评价文件通过审批的新建、改建和扩建的锅炉建设项目。

2.重点地区控制指标

重点地区是根据环境保护工作的要求,在国土开发密度较高、环境承载能力开始减弱,或大气环境容量较小、生态环境脆弱,容易发生严重大气环境污染问题而需要严格控制大气污染物排放的地区。

大气污染物特别排放限值:为防治区域性大气污染、改善环境质量、进一步降低大气污染源的排放强度、更加严格地控制排污行为而制定并实施的大气污染物排放限值,该限值的控制水平达到国际先进或领先程度,适用于重点地区。执行大气污染物特别排放限值的地域范围、时间,由国务院环境保护主管部门或省级人民政府规定。

(1)锅炉使用企业应按照有关法律和《环境监测管理办法》等规定,建立企业监测制度,制订监测方案,对污染物排放状况及其对周边环境质量的影响开展自行监测,保存原始监测记录,并公布监测结果。

(2)锅炉使用企业应按照环境监测管理规定和技术规范的要求,设计、建设、维护永久性采样口、采样测试平台和排污口标志。20 t/h 及以上蒸汽锅炉和 14 MW 及以上热水锅炉应安装污染物排放自动监控设备,与环保部门的监控中心联网,并保证设备正常运行,按有关法律和《污染源自动监控管理办法》的规定执行。

(3)锅炉的完全燃烧除合理的燃烧调整外,还可以加强对风量的配比,保持合理的过剩空气系数。空气量与燃烧量之比越大,则排烟损失越大;空气量与燃烧量之比越小,则未完全燃烧损失越大。过剩空气系数(空气量与燃烧量的比值)应在 1.2~1.3。烟气中氧气含量与过剩空气系数有单值函数关系,因此氧含量的准确测定可准确估计锅炉的合理燃烧。

实测的锅炉颗粒物、二氧化硫、氮氧化物、汞及其化合物的排放浓度,按公式折算为基准氧含量排放浓度。

1.5.3 锅炉大气污染防治

1.5.3.1 粉尘控制

工业锅炉大气污染物一般可通过燃料预处理、燃烧过程处理和燃烧后处理来控制,其中控制锅炉烟尘排放的技术主要包括燃料预处理技术和燃烧后控制技术。燃料预处理技术包括采用洗煤技术、型煤、水煤浆技术等。而燃烧后控制技术是指末端烟气除尘技术。

我国锅炉烟气除尘装置主要经历了4个发展阶段:干式旋风除尘器、文丘里水膜除尘器、高压静电除尘器和袋式除尘器。目前我国工业锅炉控制烟尘排放的装置主要有单筒旋风除尘器、多管旋风除尘器、湿式除尘器和机械除尘器与湿式除尘器的组合、静电除尘器和布袋除尘器。

1.5.3.2 二氧化硫控制

1.燃烧前脱硫

原煤在投入使用前,用物理、物理化学、化学及微生物等方法,将煤中的硫分脱除掉。洗煤又称选煤,是通过物理或物理化学方法将煤中的含硫矿物和矸石等杂质去除,来提高煤的质量。洗煤是燃前除去煤中矿物质,降低硫含量的主要手段。煤炭经洗选后,可使原煤中的含硫量降低40%~90%,含灰分降低50%~80%。

2.燃烧中脱硫

(1)固硫型煤。固硫型煤是向煤粉中加入黏结剂和固硫剂,加压制成具有一定形状的块状燃料,脱硫率可达40%~60%,减少烟尘排放量60%,节约煤炭15%~27%,一般6 t/h以下锅炉推荐使用。

(2)炉内喷钙脱硫工艺。典型的炉内喷钙脱硫是循环流化床锅炉,脱硫效率一般能达到50%~70%,但为了越来越高的环保要求,还需要在尾部安装处理设施。另外,脱硫剂量控制不好会影响锅炉运行效率及稳定性。该工艺在其他炉型上应用较少。

3.烟气脱硫技术

湿法脱硫工艺运用比较广泛的有石灰石-石膏法、氧化镁法、氨法、钠碱法、双碱法等,湿法脱硫装置占地面积大,投资和运行成本高,对烟囱有一定的腐蚀作用,脱硫副产品需要处理。

根据《工业锅炉及炉窑湿法烟气脱硫工程技术规范》(HJ 462—2009),适用于采用石灰法、钠钙双碱法、氧化镁法、石灰石法工艺,配用在蒸发量≥20 t/h(14 MW)的燃煤工业锅炉或蒸发量<400 t/h的燃煤热电锅炉以及相当烟气量炉窑的新建、改建和扩建湿法烟气脱硫工程,脱硫装置的设计脱硫效率不宜小于90%。对于65 t/h以下工业锅炉脱硫装置在满足排放标准和总量控制要求的前提下,设计脱硫效率可适当降低,但不宜小于80%。《环境保护产品技术要求 湿式烟气脱硫除尘装置》(HJ/T 288—2006)和《环境保护产品技术要求 花岗岩石类湿式烟气脱硫除尘装置》(HJ/T 319—2006)规定各类湿式脱硫除尘装置通过添加碱性物质脱硫的装置脱硫效率>80%,除尘效率≥95%。

(1)氨法。氨法脱硫是采用氨做吸收剂去除二氧化硫,该方法脱硫效率高、无废渣排放、低液气比、低能耗,适用于高硫煤。但是工艺复杂、技术难度大,氨的运输和储存比较困难,氨的散逸问题较难解决。

(2)石灰石-石膏法。脱硫效率高,技术成熟,运行可靠性好,另外石灰石储量丰富,价格便宜,比较容易获得,目前电厂采用的比较多。但系统占地面积较大,一次性建设投资大,该工艺要求控制在pH=5.5左右,对自控系统要求严格;副产物石膏堆存严重,再利用是难点;为了保持循环浆液中Cl^-的含量不超标,要外排并处理一定量的废水和补充一定量的新水。

(3)双碱法。双碱法脱硫的工艺特点是可溶性的碱在塔内与二氧化硫反应生成可溶性的盐,在塔外添加钙基脱硫剂进行再生,并经过絮凝、沉淀、除渣等操作后将清液返回吸收塔重新吸收二氧化硫,脱硫渣或抛弃或重新浆化,经氧化成二水石膏。双碱法具有塔内钠碱清液吸收,脱硫效率高,塔外再生不易结垢、可靠性高、低液气比等优点。脱硫过程中主要消耗氢氧化钙,需少量补充在脱硫过程中损耗掉的钠盐。系统比较复杂,占地面积较大,脱硫渣沉淀难度大,副产物石膏销路问题必须解决,还有一定的废水排放。

(4)氧化镁法。是用氧化镁熟化后生成的乳液作为吸收剂吸收二氧化硫。相对于钙基脱硫,MgO 活性比 CaO 强,在 CaO 颗粒外表同 SO_2 反应生成的 $CaSO_4$ 是一层硬包膜,而 MgO 同 SO_2 反应生成的 $MgSO_4$ 很快溶入水中,又有新的 MgO 颗粒可同 SO_2 反应。因此,氧化镁具有脱硫效率高,脱除等量的 SO_2 消耗的 MgO 仅为 $CaCO_3$ 的 40%,低液气比、低能耗、运行稳定可靠等优点。氧化镁法运行稳定可靠是由于 $MgSO_4$ 的溶解度大,脱硫塔内的循环吸收液为溶液水循环,不结垢,不产生沉渣,吸收塔内不设搅拌装置,因此系统的运行可靠性提高,装置的运转率高,脱硫效果好。该工艺比较适合中小型锅炉脱硫,但对于镁资源缺乏的地区不适宜应用。

1.5.3.3 脱硫除尘一体化技术

烟气脱硫除尘一体化技术一般是在各类除尘设备的基础上,采用碱性浆液为吸收剂,应用水膜除尘、文丘里除尘、旋风除尘的机制和旋流塔、筛板塔、鼓泡塔、喷雾塔吸收等机制相结合同时除尘脱硫。已形成冲激旋风除尘脱硫技术、麻石水膜除尘脱硫技术、脉冲供电除尘脱硫技术、多管喷雾除尘脱硫技术、喷射鼓泡除尘脱硫技术、旋流板脱硫除尘一体化等在同一设备内进行除尘脱硫的烟气脱硫技术,上述这些简易脱硫方法的共同特点是设备少、流程短、操作简便、维护方便、投资少、运行费用低,一般除尘效率 70%~90%,脱硫效率 60%~85%。

1.5.3.4 氮氧化物控制

1.低氮燃烧技术

燃烧过程中生成的氮氧化物中一氧化氮占 95%以上,可在大气中氧化生成二氧化氮,二氧化氮比较稳定。燃烧过程中生成的氮氧化物由三部分构成:燃料型、热力型和快速型。

一般而言,燃煤锅炉生成的氮氧化物以燃料型为主,燃油燃烧生成的燃料型氮氧化物占氮氧化物总量的 50%以上,而在氮含量较低的燃料燃烧过程中,则以热力型为主。影响热力型氮氧化物生成的主要因素包括炉膛温度、氧气浓度和停留时间;燃料型氮氧化物的生成量主要取决于空气-燃料混合比,空气燃料混合比愈大,即过量空气系数愈大,则氮氧化物的生成量也愈多。

自然通风锅炉燃烧温度低于 1 500 ℃,热力型氮氧化物产生很少;层燃炉通过改炉拱和合理配风可以实现低氮燃烧;煤粉炉、燃油燃气锅炉具有成熟的低氮燃烧器;循环流化床锅炉本身就有低氮燃烧的优势。燃烧中氮氧化物控制技术主要有烟气再循环、两级燃烧、与低 NO_x 燃烧器组合等方式,一般可使 NO_x 减少 30%~40%。

2.低氮燃烧+尾端治理

我国多家机构正在研发适合中小型锅炉的低氮燃烧技术或脱硫、除尘、脱销一体化治理技术,部分技术已经取得显著成效。因此,在执行特别排放限值的地区,鼓励优先采用新型的低氮燃烧技术、脱硫除尘一体化控制技术,如果仍不能达标,采用尾端治理技术,氮氧化物的排放能达到200 mg/m^3。

适用于工业锅炉的尾端治理技术为SNCR,SNCR技术不需要催化剂,投资成本较低。该技术在锅炉炉膛适当位置喷入含氮的还原剂,将烟气中的NO_x还原为N_2和水。但对温度和流动的要求较为苛刻,工业锅炉的炉膛温度恰好处于SNCR技术的反应窗口内,但NH_3泄漏(10~20 mg/L)问题需要重视。SNCR技术不需要催化剂,脱硝反应的窗口温度在800~1 100 ℃,由于炉内的温度分布受负荷、煤种等多种因素影响,窗口温度随着负荷和煤种变动,因此喷氨位置也要随窗口温度分布变化而变化,增加了操作的技术难度。

目前,锅炉NO_x的控制存在一些困难,燃煤工业锅炉运行负荷变化较大,炉内工况较为复杂,是氮氧化物治理技术的公关难点。此外,大多数燃煤工业锅炉都没有预留改造空间,场地较为紧张。减排NO_x的成本过高,有关专家称,现行的脱硫成本在800元/t左右,而脱硝需要近2 000元/t。

总体来讲,我国对氮氧化物的控制尚处于起步阶段,现在的氮氧化物控制技术基本都是针对电站锅炉的,而火电厂的烟气脱硝技术不能直接应用于工业锅炉。

1.5.3.5 汞及其化合物控制

1.燃烧前脱汞

燃烧前脱汞属于对源的控制,可减少汞进入燃烧过程的量,主要包括洗煤和热解技术。洗煤技术是一种简单而低成本的降低汞排放的方法,采用先进的物理化学洗煤技术,汞的脱除率可达64.5%。目前,发达国家的原煤入洗率已经达40%~100%,而我国只有22%,因此我国应尽快提高原煤入洗率。热解法脱汞则是利用汞的高挥发性,在不损失碳素的温度条件下,使烟煤温和热解把汞挥发出来。比较这两种工艺,洗煤脱汞工艺相对成熟,热解脱汞工艺尚处于实验室研究阶段,有待进一步研究。

2.燃烧中脱汞

关于燃烧中脱汞技术的研究很少,但针对其他污染物采用的一些燃烧控制技术对汞的脱除具有积极的作用。主要方法包括流化床燃烧、低氮燃烧和炉膛喷入吸附剂法。流化床燃烧有较长的炉内停留时间,使得微颗粒吸附汞的机会增加,更有利于气态汞的沉降。另外,流化床燃烧操作温度相对较低,导致氧化态汞含量增加,又抑制了氧化态汞重新转化成Hg^0,在后续净化设备中更易被去除。低氮燃烧法同样是由于其操作温度较低,增加了烟气中氧化态汞的含量。炉膛喷入吸附剂法则是针对Hg^{2+}容易被吸附去除的机制,不同气体和碳以不同比例存在时对汞的去除率的影响,研制某种催化剂,促使Hg^0氧化成Hg^{2+},从而控制汞污染。

3.燃烧后脱汞(烟气脱汞)

主要包括两方面:一是脱汞吸收剂的开发;二是对现有污染控制设备进行一定程度的改进,使其具有脱汞性能,实现脱硫脱硝脱汞一体化。高效经济的吸附剂研制是吸附脱汞的重要研究内容,这些吸附剂包括碳基类吸附剂(活性炭及改性活性炭、飞灰、活性炭纤维等)、钙基类吸附剂[CaO、$Ca(OH)_2$、$CaCO_3$、$CaSO_4 \cdot 2H_2O$等]、矿物类吸附剂(沸石、蛭石、高岭土、膨润土、硅土等)、金属类吸附剂(Fe_2O_3/TiO_2、V_2O_5/TiO_2等金属氧化物吸附剂,Pd、Pt、Au等贵重金属材料)以及一些新型吸附剂。

1.5.4　锅炉排放的大气危害

近几年,中国国内多地由于多种因素促成空气质量加速恶化导致雾霾天气频发,对社会正常秩序和公众身体健康造成影响,雾霾也成为全社会关注的一个问题。

雾和霾是两种自然天气现象。中国气象局《地面气象观测规范》中对二者有明确定义。雾是大量微小水滴浮游空中,常呈乳白色,使水平能见度小于 1 km 的天气现象。微小水滴或已湿的吸湿性质粒所构成的灰白色的稀薄雾幕,使水平能见度大于等于 1 km、小于 10 km 的天气现象定义为轻雾。霾则是大量极细微的干尘粒等均匀地浮游在空中,使水平能见度小于 10 km 的空气普遍混浊现象。我们日常提到的"雾霾"天气,就是区域性能见度低于 10 km 的空气普遍浑浊的现象。

雾霾的化学组成成分极其复杂,雾霾是指各种源排放的污染物(气体和颗粒物如 CO、SO_2、NO_x、NH_3、VOCs、PM),在特定的大气流场条件下,经过一系列物理化学过程,形成的细粒子,并与水汽相互作用导致的大气消光现象。大气污染中涉及的颗粒物,一般指粒径介于 0.01~100 μm 的粒子,PM2.5 是指空气动力学直径小于或者等于 2.5 μm 的大气颗粒物(气溶胶)的总称,学名为大气细粒子。PM2.5 组成极其复杂,几乎包含元素周期表所有元素,涉及 30 000 种以上有机和无机化合物(包括硫酸盐、硝酸盐、氨盐、有机物、碳黑、重金属等),真是"小粒子、大世界"。PM2.5 直接排放的少,以排放源一次排放的气体通过物理和光化学过程生成的二次粒子为主。

约 10%的雾霾是自然排放,其他近 90%来自人为排放,直接来自人类的经济社会活动。对北京 2013 年 1 月 5 次强霾污染分析得出,大气污染物包括有机碳、元素碳、硫酸盐、硝酸盐、铵盐、扬尘等。硫酸盐、硝酸盐和铵盐是基于一次排放的二氧化硫(SO_2)、氮氧化物(NO_x)和氨气(NH_3)气体经过化学反应形成。挥发性有机物(包括来自烹饪源的油烟型有机物、来自于汽车尾气烃类的有机颗粒物、来自光化学反应的氮富集有机物和氧化型有机颗粒物),在大量二氧化硫和氮氧化物的作用下发生反应,向二次有机气溶胶转化,产生更加具毒性的细颗粒污染物。它们是 20 世纪中期美国南加州光化学烟雾的主要成分。

这些污染物都和人类的生产和生活活动息息相关。对北京 PM2.5 排放源分析发现,燃煤、机动车为最主要来源。

有研究者统计北京年平均 PM2.5 排放中,燃煤占 26%,机动车占 19%,餐饮占 11%,工业占 10%。1 月的强霾中,北京机动车排放贡献最大,占 25%,其次为燃煤 19%和外来输送 19%;京津冀地区的主要污染来源则是燃煤 34%、机动车 16%和工业 15%。此外,河北和天津地区的燃煤、化工、重金属冶炼都是重金属污染的来源。

PM2.5 又称为可入肺颗粒,能够直接进入人体肺泡甚至血液系统中,直接导致心血管病等疾病。PM2.5 的比表面积较大,通常富集各种重金属元素和有机污染物,这些多为致癌物质和基因毒性诱变物质,危害极大。PM2.5 污染会增加重病及慢性病患者的死亡率,使呼吸系统及心脏系统疾病恶化,改变肺功能及结构,改变人体免疫结构。中科院研究已经基本证明大气污染与呼吸道疾病死亡率呈正相关。北京市近年肺癌患病率显著提高,2012 年平均每天确诊 104 个肺癌病人。对广州市肺癌致死率与雾霾关系的研究表明,考虑7年滞后期,肺癌致死率和气溶胶消光系数的相关系数高达0.97。

PM2.5能在大气环境中长期存在,远距离迁移,使能见度降低,导致雾霾现象频发,气象状况恶化,由此引起的危害也是很大的。

大气雾霾污染形成机制是近几年研究的热点问题,有研究者认为:

(1)气溶胶颗粒物是霾天气污染的主因。经过分析气溶胶与能见度数据关系后得出,人为排放的气溶胶颗粒物是导致近年中国中东部地区雾霾天气频发的主因。有研究者对北京冬季重污染过程颗粒物及其化学组分的粒径分布特征研究表明,重污染主要由细颗粒物污染引起,在京津冀地区空气污染时空分布研究中表明,京津冀地区3个典型城市在2001~2010年期间占主导的首要污染物都为可吸入颗粒物,2013年石家庄市首要空气污染物为可吸入颗粒物和细颗粒物。

(2)多种气象因素诱发助推雾霾天气形成。如静稳天气诱发雾霾天气形成,逆温层存在导致污染物迅速积累,大气纬向环流边界层结构气候变化导致雾霾加剧,高湿状态促使大气颗粒污染物浓度增高,同时也受到气压和温度的影响。如北京强霾的天气原因主要包括静风稳定天气加上高湿、混合层薄、逆温强度大等气象条件。受低压辐合或均压场的影响,天气系统较弱,近地面大气稳定,风速较小,并以弱偏南风为主,湿度较大,且逆温层厚度大(500~1 000 m)、强度强(逆温温差5~10 ℃),进一步阻碍了空气对流,导致区域和局地排放的污染物迅速累积,空气污染严重。

(3)中国雾霾成因有季节性变化。

在春季,远程沙尘输送、局地扬尘、城市酸性气体和空气中较多的水分也会方便霾的形成。

在夏季,高温、高辐射气候加上高湿天气会促进污染物的光化学反应和吸湿性增长。

在秋季,白天强烈辐射和高温会加速光化学气粒转化,而早晚低温和高湿在稳定的天气系统中容易导致霾污染事件。

在冬季,北方的采暖加上稳定的大气边界层结构和较低的混合层高度很容易导致雾霾现象。

由于我国工业锅炉的数量太过巨大,而且没有具体的点位统计资料,长久以来,国内外的专家学者在编制中国地区污染物清单时,一直将工业锅炉源与其他固定污染物一并归为面源处理,无法体现出单个的工业锅炉源排放大气污染物对我国空气质量的影响,即使排放总量不同,口径也有很大差别。具有真实性、代表性的PM2.5本地源成分谱是解析大气细颗粒物来源最重要的基础工作。

有关研究人员对北京市11类排放源PM2.5进行采集,并测定其26种组分,分析了不同排放源源谱的组分特征。结果表明,在有组织排放源中,燃煤电厂PM2.5中OC和Si含量很高,占PM2.5的质量分数分别为8.56%和6.19%(平均值),而供热/工业锅炉排放PM2.5中则是SO_4^{2-}(占48.38%)和OC(11.0%)比例最高,水泥窑炉PM2.5中OC(7.12%)、Ca(4.81%)和Si(4.41%)占有较大比例;垃圾焚烧排放的PM2.5中Si、Ca、K和SO_4^{2-}均较高,分别占8.15%、10.36%、7.17%和6.79%,且Cl^-含量(2.5%)高于其他所有源,生物质燃烧源PM2.5中OC(21.7%)、Si(6.75%)、Ca(6.15%)较为丰富。

有关人员研究了2007~2012年北京城区采暖期颗粒物统计数据后得出,由燃煤取暖产生的 PM0.3 是造成同期细颗粒物浓度升高的主要粒子。

这些研究指向工业锅炉是造成雾霾天气的主要原因之一,我国工业锅炉基础数据模糊,管理上相对薄弱;单台容量小,平均容量 8.09 t/台,虽向大容量发展,但小吨位的燃煤工业锅炉仍然大量存在;锅炉单台容量越大,燃烧效率越高,污染排放越好管理;工业锅炉用煤基本上不能满足设计要求,炭含硫量变化大,煤炭洗选率低,主辅机不匹配,运行水平低,热效率低;烟尘和二氧化硫达标率低。据国家质量监督检验检疫总局公布的数据,截至 2015 年底,全国锅炉 57.92 万台。有关历史数据表明,全国在用工业锅炉中,锅炉容量小于 35 t/h 的锅炉约占工业锅炉总量的 98.9%,其中大于等于 20 t/h 的占比不到 20%,2~10 t/h的占 75%,小于 1 t/h 的占 5%。我国的工业锅炉中以燃煤工业锅炉为主,占到80%以上。据环保部分析,我国工业燃煤锅炉使用大气污染控制设施并不广泛,通常只有去除颗粒物的简单装置。工业锅炉排放的大气污染物主要有烟尘、SO_2、NO_x,另外还有一部分 VOCs 等其他污染物。

有研究者将雾霾成分分为以下几类:①锅炉酸性气体:SO_3、SO_2、NO、NO_2、Cl_2、F_2;②水蒸气:H_2O;③一次颗粒物:PM、碳粒子;④碱性气体:NH_3、碱性粒子(生成二次颗粒物);⑤挥发性有机物:VOC。

工业锅炉排放的污染物主要包括烟尘、SO_2、NO_x,另外还有一部分 VOCs 等其他污染物,是构成雾霾的主要成分。根据环境报的报道,我国工业锅炉平均每年排放烟尘约 375 万 t,占全国烟尘排放量的 42%;排放 SO_2约 519 万 t,占全国 SO_2排放量的 22%;排放 NO_x约 250 万 t,仅次于火电行业和机动车,位居全国第三。工业锅炉源已经成为我国一个重要的大气污染源。相关资料显示,对 3 台燃煤工业热水锅炉进行排放测试,测试锅炉的容量分别为 29 MW、14 MW、2.8 MW,燃料为辽宁阜新Ⅱ类烟煤,污染控制设施为湿式烟气除尘脱硫装置,测试结果表明,燃煤工业锅炉气态污染物 TSP、SO_2、NO_x、CO 的排放水平分别为 283~350 mg/m^3、914.6~1 245.7 mg/m^3、64.2~136.6 mg/m^3、109.9~890 mg/m^3。TSP、SO_2、NO_x、CO 的排放因子分别为 3.849~20.38 g/kg、16.83~54.01 g/kg、1.441~3.791 g/kg、1.509~52.56 g/kg。测试锅炉二价汞、元素汞和颗粒汞的排放水平分别为 0.3~5.7 μg/m^3、1.5~3.8 μg/m^3、0.008~0.023 μg/m^3。污染物排放水平和排放因子表明,燃煤工业锅炉排放的污染物浓度较高,部分污染物超标严重。

我国的 PM2.5 来源复杂,形成原理不清,对雾霾贡献最大的是"二次颗粒(Secondary Particulates)",全球范围内,二次颗粒物贡献率在 20%~80%,在我国中东部地区常常高达 60%,在成霾时往往二次颗粒物所占比例更高。"二次颗粒"是化石燃料燃烧尾气中的气态污染物(如 NO_x、SO_x)和挥发性有机物(VOC)进入大气后,在一定的水雾状态下与空气中的氨及 VOC 等物质发生气溶胶反应形成的颗粒。因此,要去除雾霾,就要减低 NO_x、SO_x 及 VOC 这些污染物的排放。有研究者认为,重污染期间,二氧化氮大大加速了硫酸盐的生成,而硫酸盐正是重污染中 PM2.5 的一大重要来源。这意味着今后重污染应急,涉及燃煤、机动车的氮氧化物减排将有助重污染"削峰降速"。PM2.5 浓度主要受大气污染物排放量的影响,大气污染物排放量过大是导致雾霾污染的根本原因。就目前而言,需要大力削减 PM2.5 形成前的主要气态物 SO_2、NO_x、CO、NH_3和 VOCs 的排放。控制 SO_2 的重点在工业、采暖和燃煤电厂。控制 NO_x的重点依次为机动车、燃煤电厂和工业。控制

CO的重点依次为机动车工业和燃煤电厂。VOCs应以机动车、无组织(餐厨、干洗店等)排放和工业为主。另外,北方城市的冬季由于受到大规模燃煤采暖的影响,SO_2、NO_x、CO、PM较非采暖期相比,呈上升趋势,应在冬季采暖时段加强对这些污染物的控制,而VOCs则在全年都要控制。

控制污染物排放可采取多种污染物协同减排,多个设备处理多种污染物,烟气协同治理,直接协助脱除污染物,间接为其他设备脱除污染物创造条件,以烟气流向为主线,以设备单元为节点,全面实现污染物的综合协同治理。

1.6 锅炉节能技术

随着我国经济水平的提高,环境保护日益成为我国工业等发展不能避开的重要一环,对于锅炉,提高锅炉的热效率、降低锅炉尾气排放,逐渐成为我国锅炉设计、制造、生产的主旋律。目前常用的提高在用锅炉热效率的措施有以下几点:

(1)控制锅炉运行负荷。要提高锅炉运行效率,应合理控制锅炉运行负荷,确保锅炉负荷处于经济运行状态。

(2)控制过量空气系数。要通过合理配风与调节、炉排风室密封以减少串风、增设变频器或更换风机等,控制过量空气系数在最佳范围之内。

(3)控制排烟温度。降低排烟温度,是锅炉节能的重要途径。对于在用锅炉,可增加尾部受热面来降低排烟温度。

排烟中含有一定的水蒸气,其蕴含大量的潜热未被利用,排烟温度高,显热损失大。天然气燃烧后仍排放氮氧化物、少量二氧化硫等污染物。减少燃料消耗是降低成本的最佳途径,冷凝型燃气锅炉节能器可直接安装在现有锅炉烟道中,回收高温烟气中的能量,减少燃料消耗,经济效益十分明显,同时水蒸气的凝结吸收烟气中的氮氧化物、二氧化硫等污染物,低污染物排放,具有重要的环境保护意义。

(4)减少受热面结垢。由于水垢导热系数低,热阻大,使传热受到影响,煤耗增加。因此,保证受热面不结水垢,就可以提高锅炉的运行效率。一方面,要加强水质处理,保证不结垢;另一方面,万一受热面结垢达到一定程度,应及时清除。

(5)定期清灰。灰垢传热系数更小,对传热的影响远大于水垢,运行中应根据受热面、烟道积灰情况定期清除。

(6)加强炉墙、炉体的密封与保温。维修时要选取合理的密封、保温材料。如果保温性能及密封性能差,就会增加散热损失,漏风使空气过量系数加大,影响正常燃烧。因此,必须做好密封与保温。

(7)煤质选取应与设计相符或相近。保证燃料燃烧状况,对提高锅炉热效率是非常重要的,因此在煤种选择时要尽量符合要求。

(8)提高锅炉运行管理及操作水平。加强管理,提高操作水平,可以有效节能降耗。同样一台锅炉,不同的人员操作,调节、控制方法与水平不同,锅炉燃煤的消耗是不一样的,所以应当强化锅炉运行管理及提高操作人员水平。

(9)为减少排污热损失,可以增设排污热量的回收装置,如排污扩容器、换热器等。

(10)加强锅炉运行监测。通过对锅炉运行中各个参数和相关指标的监测,确定各项控制指标,为锅炉安全经济运行提供依据。有条件的应实现自动控制,便于随时调整燃料量、风量、水位、汽压、汽温、炉膛温度、排烟温度、过量空气系数等参数,实现锅炉安全、高效运行。

(11)余热利用。余热利用包括凝结水回收、排污热量的合理利用等。

(12)对在用锅炉进行节能改造。节能改造,如炉拱改造、分层给煤、燃烧方式与技术改造、辅机改造、变频改造等,都可以达到节能降耗的目的。

第 2 章　锅炉能效测试技术

2.1　锅炉能效测试概述

2.1.1　我国锅炉效率现状

我国是锅炉生产和使用大国,锅炉数量庞大,使用面广,平均容量小,燃料以燃煤为主,分布在各行各业,机械化和自动化程度低。每年锅炉燃煤近 7 亿 t,占原煤产量的 1/3 左右,消耗了大量的煤炭资源,同时也造成了环境的严重污染。据有关资料介绍,我国燃煤锅炉总体平均热效率在 60%~70%,比发达国家低 10~15 个百分点。燃油(气)锅炉平均热效率在 80%~85%。除锅炉燃料浪费外,电力消耗与水资源浪费也是很严重的。

造成锅炉效率低、能耗增加的主要原因有以下几点:锅炉设计制造水平低、锅炉容量小、燃烧技术陈旧、锅炉选型与配套不合理,造成长期低负荷运行。另外,还存在监测仪表不全、自控水平低、锅炉水处理不达标、煤种多变且煤质差、新型能源没有得到有效利用、运行管理与维修不到位、司炉作业人员整体素质低、节能管理与监管没有形成机制等方面的问题。这就形成了我国锅炉热效率低、损失大的现状,造成了能源的大量浪费,同时也给我国的生态环境治理改善工作带来了巨大的挑战。因此,提高锅炉能效水平、降低能源消耗、实现节能减排、减少环境污染已经得到社会的高度重视。为此,我国政府对锅炉的节能减排工作已高度重视,有关部门也已经采取了一系列措施强化监管,加强引导,使锅炉制造和使用企业不断提高节能意识,改进制造工艺,提高运行水平,逐步提高锅炉效率,降低污染物排放。

2.1.2　我国对锅炉节能监管

国家对包括锅炉在内的高能耗特种设备的管理实行安全监察与节能监管相结合的机制,国家市场监督管理总局负责全国高能耗特种设备的节能监督管理工作,高能耗特种设备已经纳入节能监管的范畴。具体包括以下几个方面。

2.1.2.1　把锅炉节能纳入法律法规及部门规章中

近年来,国家及国家市场监管总局相继出台了一系列的法律、法规、安全技术规范,用以规范、指导高能耗特种设备节能监管工作。主要包括以下几个:

(1)《中华人民共和国节约能源法》(2007 年 10 月颁布),其中第十六条第三款明确规定"对高能耗特种设备,按照国务院的规定实行节能审查和监管"。

(2)《中华人民共和国特种设备安全法》(2013 年 6 月颁布),其中第三条规定"特种设备安全工作应当坚持安全第一、预防为主、节能环保、综合治理的原则";第七条规定

“特种设备生产、经营、使用单位应当建立、健全特种设备安全和节能责任制”；第十九条规定“特种设备生产单位不得生产不符合安全性能要求和能效指标以及国家明令淘汰的特种设备”。

(3)《特种设备安全监察条例》(2009 年 1 月颁布)，补充了对高能耗特种设备节能监管的相关内容。

(4)《高能耗特种设备节能监督管理办法》(2009 年 7 月颁布)，全面、具体地规定了特种设备节能监管内容与要求。

(5)《锅炉节能技术监督管理规程》(TSG G0002，2010 年 8 月颁布)，针对锅炉节能，从设计、制造、安装、改造和维修、使用管理、检验检测和能效测试、监督管理等各个环节，做出了具体的强制性的规定。

2.1.2.2　锅炉的节能监察

1.设计环节

国家对锅炉的设计环节进行节能核查，强化设计监管，提高设计水平，达到设计环节的节能目的。锅炉及其系统的设计应当符合国家有关节能法律、法规、技术规范及其相应标准的规定。锅炉制造单位应当优化产品结构及生产工艺设计，并对设计文件进行鉴定，包括对节能相关的内容进行核查。《锅炉节能技术监督管理规程》(TSG G0002)及相关技术标准对锅炉排烟温度、过量空气系数、燃烧设备、炉膛结构、受热面布置、炉墙烟风道密封与保温、辅机配置、水处理等，进行了全方位的规定，锅炉产品能效应达到规定设计指标要求，实现节能、降耗、高效。

2.制造环节

《特种设备安全法》及《特种设备安全监察条例》中明文规定，锅炉制造单位应当保证锅炉产品能效达到规定指标要求，不得制造国家产业政策明令淘汰的锅炉产品。同时要求锅炉制造企业，锅炉产品应按照《锅炉能效测试与评价规则》(TSG G0003)中定型产品热效率测试方法进行热效率测试，定型测试热效率结果应当不低于设计值，即要求锅炉产品达到设计规定的节能要求。锅炉制造单位应当向使用单位提供锅炉产品能效测试报告。

3.安装及改造环节

锅炉及其系统的安装、改造与维修，不得降低原有的能效指标，并接受特种设备检验检测机构的监督检查。锅炉改造与重大维修可能导致锅炉及其系统能效变化时，应当进行能效测试或者评价，证明锅炉及其系统能效状况没有降低。

4.使用环节

锅炉使用单位对锅炉及其系统的节能管理工作负责，建立健全并且实施锅炉及其系统节能管理制度以及能效考核、奖惩工作机制，加强对锅炉操作人员、水处理作业人员节能培训考核，提高锅炉运行操作水平。按期进行能效测试，对锅炉及其系统所包括的设备、仪表、装置、管道和阀门等定期进行维护保养，加强对锅炉及其系统的能效情况进行日常检查和监测。同时应当加强能源检测、计量与统计工作。有条件的锅炉使用单位可以定期对锅炉及其系统运行能效进行评价。锅炉操作人员应当根据蒸汽量、热负荷的变化，及时调度、调节锅炉的运行数量和锅炉出力。锅炉水(介)质处理应当满足锅炉水(介)质处理安全技术规范及其相应标准的要求。建立锅炉能效技术档案等。

5.能效监察及检测

国家对锅炉进行全过程的能效监察制度,强化锅炉产品节能的检验检测和能效测试。除锅炉定型产品测试外,锅炉在改造与重大维修后应进行能效检验与测试,在用锅炉应按规定每两年进行一次能效测试。检验检测机构在对锅炉制造、安装、改造和重大修理过程进行监督检验时,应当按照节能技术规范的规定,对影响锅炉及其系统能效的项目、能效测试报告进行监督检验与审查。当定期能效测试结果低于《锅炉节能技术监督管理规程》(TSG G0002)及其1号修改单的相关规定时,应对测试数据进行分析,查找原因,提出整改意见。

2.1.2.3 强化监督管理

锅炉生产单位和使用单位应当接受市场监督部门的监督管理,积极配合相关能效测试工作,对发现的问题及时进行整改。新锅炉设计生产前,设计文件由设计文件鉴定机构进行节能审查,锅炉生产时进行定型产品能效测试,办理锅炉使用登记时,应当提供锅炉产品能效相关情况。锅炉能效指标不符合要求的,不得办理使用登记。锅炉能效测试机构、设计文件鉴定机构,应当按照规定取得相应项目的测试和设计文件鉴定资格,接受市场监督部门的监督检查,并且对测试结果的准确性和设计文件鉴定结论的正确性负责。锅炉能效测试机构发现在用锅炉能耗严重超标时,应当告知使用单位及时进行整改,并报告所在地的市场监督部门。同时鼓励生产单位研究采用新技术、新工艺,提高锅炉及其系统能源转换利用效率,以满足安全、节能、环保的要求。

2.1.2.4 淘汰落后炉型,鼓励节能技术创新

节能降耗,减少排放污染,一个很重要的措施就是要淘汰那些效率低、能耗大、污染重、劳动强度大的落后炉型,取而代之的是高效节能、环保产品。国家对此一贯予以重视,自20世纪80年代以来,原国家机械工业部就公布了多批淘汰锅炉炉型,对那些老旧型号的锅炉予以淘汰。近年来,国家将节能减排提高到了一个前所未有的高度,加大了对不符合要求的锅炉的淘汰力度。国家工业和信息化部分别于2009年12月和2012年4月两次发布高能耗落后机电设备(产品)淘汰目录的公告,其中锅炉淘汰炉型就达50余种。

国家市场监管总局也于2011年5月发布《关于注销新列入淘汰目录的特种设备制造许可证的通知》(国质检特函〔2011〕369号),要求停止固定炉排燃煤锅炉(双层固定炉排燃煤锅炉除外)相关产品的制造许可并做好相关企业制造许可证的注销工作。目前,对于国家明令淘汰的锅炉炉型不得继续制造,对于在用锅炉应加强能效检验检测,达不到要求的应进行改造,否则应淘汰。

2.2 锅炉热损失

2.2.1 影响锅炉热效率的因素

锅炉运行中,不可避免地会产生一些热损失,主要包括排烟热损失 q_2、气体未完全燃烧热损失 q_3、固体未完全燃烧热损失 q_4、散热损失 q_5、灰渣物理热损失 q_6等,这些热损失

的存在将直接影响锅炉热效率。由图 2-1 可直观地看出锅炉热效率与各项热损失的关系。热损失越大,热效率就越低,能耗就越大,同时造成的环境污染也越大。分析影响锅炉各种热损失的因素,对如何采取措施,最大限度地减少热损失,提高锅炉热效率,达到节能减排的目的,将起到重要的作用。

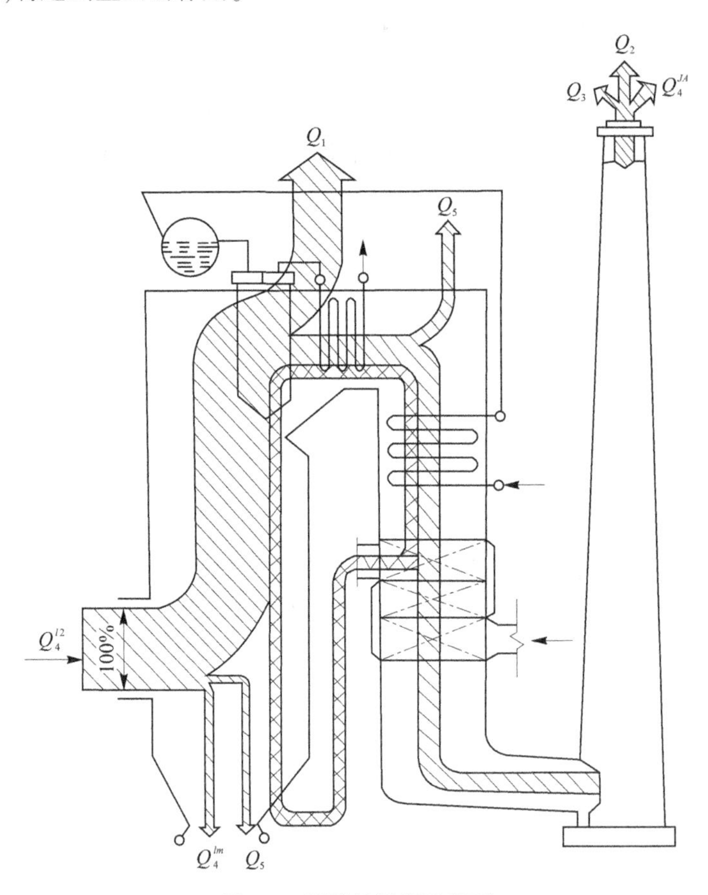

图 2-1　锅炉热平衡示意图

2.2.1.1　排烟热损失

排烟热损失 q_2是由于烟气从锅炉排出而造成的热损失,即烟气带走的热量。排烟热损失是锅炉热损失中主要的热损失之一。根据大量测试结果,锅炉排烟热损失一般占12%~20%。影响排烟热损失的因素,主要是排烟温度和排烟容积。

1.排烟温度的影响

锅炉排烟温度越高,锅炉排出的热量就越多,排烟热损失 q_2就越大,能耗损失也就越大。一般排烟温度每增加 15 ℃,q_2增加 1%,耗能增加 1.4%。排烟温度的高低,与锅炉受热面的设计布置及运行水平有关。受热面小或因受热面结水垢、积灰以及烟气短路等,都将使排烟温度升高,排烟热损失增大。排烟温度也不是越低越好,因为太低的排烟温度势必要增加锅炉受热面,这是不经济的;同时还会增加通风阻力,增加引风机的电耗。此外,过低的排烟温度将会引起尾部受热面的腐蚀,特别是燃用含硫量较高的燃料时,排烟温度不能太低。因此,合理的排烟温度,应当综合考虑锅炉的安全性和经济性,通过技术经济比较确定。《锅炉节能技术监督管理规程》(TSG G0002)规定的锅炉设计排烟温度如下:

(1)额定蒸发量小于 1 t/h 的蒸汽锅炉,不高于 230 ℃。

(2)额定热功率小于 0.7 MW 的热水锅炉,不高于 180 ℃。

(3)额定蒸发量大于或等于 1 t/h 的蒸汽锅炉和额定热功率大于或等于 0.7 MW 的热水锅炉,不高于 170 ℃。

(4)额定热功率小于或等于 1.4 MW 的有机热载体锅炉,不高于进口介质温度 50 ℃。

(5)额定热功率大于 1.4 MW 的有机热载体锅炉,不高于 170 ℃。

实际运行中,由于受热面结垢、积灰、运行参数、操作调节及设备本身等多种原因,排烟温度往往高于设计值,但不应高于《锅炉经济运行》(GB/T 17954)标准规定的排烟温度值。

具体要求见表 2-1。

表 2-1　锅炉运行排烟温度规定值(额定负荷下)

锅炉类型		无尾部受热面				有尾部受热面	
		蒸汽锅炉		热水锅炉		蒸汽锅炉或热水锅炉	
使用燃料		煤	油、气	煤	油、气	煤	油、气
额定蒸发量 D_e/(t/h)(或额定热功率 Q_e/MW)	≤2(或≤1.4)	<250	<230	<220	<200	<180	<160
	>2(或>1.4)	—	—	—	—		

注:燃用高硫(S_{ar}≥3%)煤的有尾部受热面的锅炉,排烟温度可适当提高,但不能超过 30 ℃。

2.排烟容积的影响

锅炉排烟容积是理论烟气量与过量空气体积之和,理论烟气量是燃料燃烧产生的不可避免的烟气量。因而影响排烟容积的主要可变因素是炉膛出口过量空气系数、烟道各处的漏风量及燃料所含水分。过量空气系数对锅炉排烟热损失、气体未完全燃烧热损失、固体未完全燃烧热损失都有较大影响。

过量空气系数是指燃料燃烧时实际供给的空气量与理论空气量之比,用 α 表示。过量空气系数是锅炉经济运行的一项重要指标,《锅炉节能技术监督管理规程》(TSG G0002)明确规定了锅炉设计时锅炉过量空气系数选取要求,《锅炉经济运行》(GB/T 17954)标准规定了锅炉运行中过量空气系数的指标要求。过量空气系数大小直接影响燃料的完全燃烧程度,影响锅炉热损失。过量空气系数越小,越能提高燃烧温度,减少排烟体积降低排烟热损失。但过量空气系数太小,往往满足不了完全燃烧所需的空气量,造成燃烧不完全,气体未完全燃烧热损失和固体未完全燃烧热损失加大,热效率降低;若过量空气系数太大,使大量冷空气进入炉内,加大了烟气量,增加了排烟热损失,还会降低炉内温度,燃烧效果下降,热效率降低,同时增加了风机的电耗。过量空气系数每增加 0.1,能耗增加 0.84%。可见,过量空气系数对锅炉燃烧状况、热效率影响较大。但在大量的实际测试中发现,绝大多数的锅炉都超过规定值,而且超出的数值有的很大。过量空气系数与锅炉热损失的关系如图 2-2 所示。

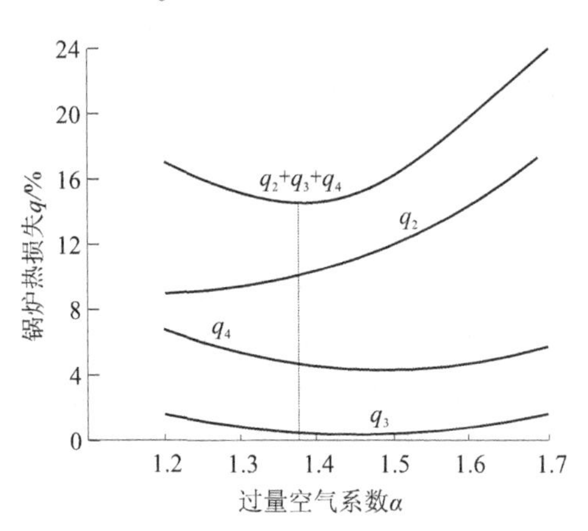

图 2-2　过量空气系数与锅炉热损失的关系

造成过量空气系数大的主要原因,一是风机配套不尽合理,且风机没有变频设备,锅炉低负荷运行;二是炉排下部的风室隔断不严,各风室互相串风使送风不均匀;三是操作不合理,不会做燃烧调节或不进行调节,盲目操作等。

锅炉运行中,过量空气系数需要根据负荷变化,通过监测烟气中的 CO_2、O_2 和 CO 含量的方法,合理配风来进行调节。有经验的操作人员也可以通过观察炉膛火焰、排烟的颜色等进行风量调节,以满足燃料完全燃烧对氧的需求,使($q_2+q_3+q_4$)之和达到最小值,即控制过量空气系数达到运行最佳值,此时锅炉热效率最高。

(1)根据烟气中 CO_2 含量控制过量空气系数 α 值。

CO_2 与过量空气系数 α 的关系式:

$$\alpha=\frac{\varphi(RO_2)_{max}}{CO_2} \tag{2-1}$$

式中　$\varphi(RO_2)_{max}$——三原子气体含量。

最大三原子气体含量与燃料性质有关,燃料完全燃烧时,一般烟煤为 19%左右,燃油为 16%左右。如果要控制燃煤锅炉尾部过量空气系数为 1.4,根据式(2-1)计算,CO_2 含量应控制在 13%左右。

(2)根据烟气中 O_2 含量控制过量空气系数 α 值。

O_2 含量与过量空气系数 α 的关系式:

$$\alpha=\frac{21}{21-\varphi(O_2)} \tag{2-2}$$

如上所述,要控制过量空气系数为 1.4,根据式(2-2)计算,O_2 含量应控制在 6%左右。

(3)对烟气中 CO 含量的控制。

通过仪器检测,烟气中的 CO 含量如果是微量的或是基本检测不到,说明锅炉燃烧处在最佳范围内。如果 CO 含量较高,说明过量空气系数偏小,没有完全燃烧,造成气体未完全燃烧,热损失增加。

(4)根据炉膛火焰和排烟的颜色调节锅炉风量。一般情况下,炉膛中心火焰呈麦黄色或橙色,排烟呈灰白色,说明风量较为适当;火焰呈亮白色,排烟呈透明状,说明风量过大;火焰呈暗黄色或红色,排烟呈灰黑色,说明风量过小。这需要锅炉操作人员长期调试、观察、总结,而且只能是对锅炉燃烧风量的粗略调节。

另外,层燃锅炉基本都是微负压燃烧,如果炉膛和烟道的密封性不好,容易出现漏风,使排烟体积增大,漏风处之后的受热面传热也受到影响,导致排烟热损失增加。一般炉膛漏风系数每增加 0.1,排烟温度将增加 3~8 ℃,排烟热损失增加 0.2~0.5 个百分点。燃料所含水分增加,导致烟气体积增加,燃烧温度也降低,影响燃烧效果,降低锅炉热效率。

2.2.1.2　气体未完全燃烧热损失

气体未完全燃烧热损失 q_3 也称化学未完全燃烧热损失,是由于烟气中有一部分可燃气体未燃烧放热就随烟气排出炉外而造成的热损失。气体未完全燃烧的产物主要是 CO、H_2、CH_4 等可燃气体,其中主要是 CO。因此,烟气中 CO 含量越多,气体未完全燃烧热损失就越大。

影响气体未完全燃烧热损失的因素主要是燃料挥发分、过量空气系数、炉膛温度、炉内空气与燃料的混合程度以及锅炉结构等。一般挥发分较高的燃料燃烧时更应注意过量空气系数的控制,合理调节风量,确保供给足够的氧气,使炉内火焰的充满度及空气动力工况达到最佳状态,减少气体未完全燃烧热损失。炉膛温度不能太低,通常不应低于 800 ℃,否则 CO 很难燃烧。

2.2.1.3　固体未完全燃烧热损失

固体未完全燃烧热损失 q_4 也称机械未完全燃烧热损失,是由于进入炉膛的一部分燃料没有参与燃烧或没有燃尽而引起的热损失。在大量的测试中发现,固体未完全燃烧热损失是燃煤锅炉的主要热损失之一。其中炉渣热损失即炉渣含碳量占主要部分,一般可达 15%~20%,甚至还高。一般炉渣含碳量增加 2.5%,耗能增加 1%;炉渣含碳量减少 4.5%,锅炉热效率提高 1%。燃油锅炉固体未完全燃烧热损失较小,燃气锅炉 $q_4=0$。

影响固体未完全燃烧热损失的因素主要是燃料的种类和性质、燃烧设备、燃烧方式、锅炉负荷、炉膛温度、过量空气系数、燃油雾化以及运行调节等。

层燃炉固体未完全燃烧热损失主要由三部分组成:①炉渣热损失,由炉渣中未完全燃烧的碳粒引起的损失(炉渣含碳);②漏煤热损失,由炉排落入灰坑的热损失(仅存在于层燃炉);③飞灰热损失,由未燃尽碳粒随烟气排出炉外而引起的损失。

因此,1 kg 煤燃烧所引起的固体未完全燃烧热损失等于炉渣、漏煤、飞灰三项中的含碳量与碳的发热量的乘积的总和。

层燃炉炉渣占总灰量的份额最大,炉渣热损失也最大,是影响固体未完全燃烧热损失的主要因素。炉渣热损失一方面取决于煤种,如挥发分少而灰分多,炉渣热损失就大;另一方面取决于运行操作,如运行时煤层厚度、炉排速度、过量空气系数的控制等,都直接影响炉渣热损失的变化。漏煤热损失的大小主要取决于燃烧设备即炉排结构。炉排间缝隙越小,漏煤就越少,热损失就越小。但炉排间缝隙太小不利于通风,对燃烧不利且易受热膨胀使炉排"卡死",因此应综合考虑。飞灰热损失主要取决于炉膛温度、空气量以及混合情况等。

煤粉炉中不存在漏煤热损失,炉渣热损失也很小,飞灰占总灰量的份额最大,固体未完全燃烧热损失的大小主要是由飞灰热损失决定的，运行中主要是通过控制飞灰含碳量来降低固体未完全燃烧热损失。控制飞灰含碳量主要是通过对过量空气系数、燃烧器出口风速和一、二次风配比以及煤粉细度等控制来实现的。过量空气系数过大、风速过快等易增加飞灰量，增加飞灰热损失。因此，要合理进行调节，使煤粉与空气有较好的混合，并保持一定的炉膛温度，以减少飞灰热损失。

燃油炉固体未完全燃烧热损失一般较小，若燃烧不正常，其数值可达到0.5%～1%，主要是未完全燃烧的炭黑粒子（所谓油灰）引起的热损失。减少此项热损失主要通过控制燃油品质、燃油雾化及配风等来实现。

2.2.1.4 散热损失

散热损失 q_5 是指通过炉墙、金属结构、烟风道、汽水管道等外表温度高于周围大气温度而散出去的热量。

影响散热损失的因素主要是锅炉容量的大小及散热面内外温差、炉墙结构、保温效果等。一般情况下，锅炉容量越大，炉墙、金属结构、烟风道、汽水管道等外表面积也越大，散热量就大，也就是散热损失绝对值就大。但是锅炉容量增大时，锅炉外表面积等并不随锅炉容量的增大而成正比例增加，对于单位容量所占的表面积是减少的，所以锅炉容量越大，散热损失反而越小。相反，小容量的锅炉，单位容量所占的表面积大，散热损失也就大。锅炉容量与散热损失的关系如图 2-3 所示。

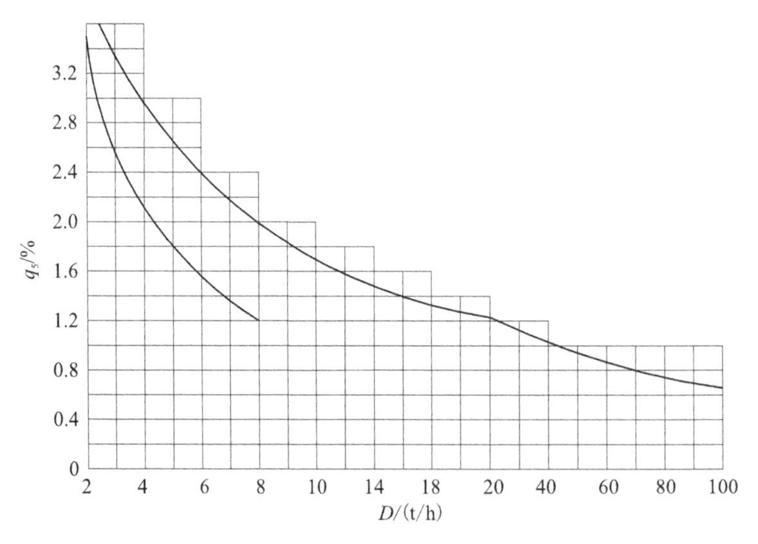

图 2-3 锅炉容量与散热损失的关系

散热面表面温度高，与周围环境温差大，散热损失也增大。一般情况下，炉体表面温度每超过 10 ℃，每平方米每小时耗能增加 0.037 kg 标准煤，因此在设计时要采取措施严格控制炉体表面温度。《锅炉节能技术监督管理规程》（TSG G0002）规定："锅炉炉墙、烟风道、各种热力设备、热力管道以及阀门应当具有良好的密封和保温性能。当周围环境温度为 25 ℃时，距门（孔）300 mm 以外的炉体外表面温度不得超过 50 ℃，炉顶不得超过 70 ℃，各种热力设备、热力管道以及阀门表面温度不得超过 50 ℃。"锅炉散热面的保温是减少散热损失的重要手段，通过设计合理的保温结构，选取保温性能好的材料，保证施工质量等多方面来提高保温性能,减少散热损失。

2.2.1.5　灰渣物理热损失

灰渣物理热损失 q_6是指固体燃料在炉膛内燃烧后排出的高温灰渣所带走的热量损失。如煤在锅炉炉膛内燃烧后会产生一定量的灰渣,由于这些灰渣还具有较高的温度(600~800 ℃),炉渣排出时会将这部分热量带走,即形成灰渣物理热损失。

影响灰渣物理热损失的因素主要是燃料的灰分含量、运行操作等。煤的灰分大,排出的炉渣量就大,带走的热量就多,热损失就大。锅炉运行操作不当,如炉排速度过快、主燃区后移、煤层太厚、风量调节不当等,都会造成燃料未燃尽而排出锅炉,增加灰渣物理热损失。

2.2.2　锅炉运行对能效的影响

锅炉运行中产生的各种热损失会严重影响锅炉热效率。同时,锅炉在实际运行中,还有一些其他因素,也会影响锅炉的热效率,如锅炉低负荷运行、排污无规律、煤质多变、受热面结垢、积灰、跑冒滴漏等,这些因素也严重影响锅炉的能效。

2.2.2.1　锅炉负荷变化对热效率的影响

在实际运行中,绝大部分锅炉存在着低负荷运行问题。据统计,目前全国锅炉的平均运行负荷只有额定负荷的 50%~70%,有的甚至更低。锅炉负荷变化对热效率影响较大,锅炉最高运行效率多是在 75%~100%时获得的。当锅炉低负荷运行时,燃煤量减少,通风量减少,炉内温度降低,使燃烧工况变坏,气体未完全燃烧热损失和固体未完全燃烧热损失也增加,导致锅炉热效率下降,造成能源浪费。所以,锅炉运行负荷低是影响锅炉运行效率的重要因素。锅炉超负荷运行时,由于煤层加厚、炉排速度加快、风量加大,使固体未完全燃烧损失、气体未完全燃烧损失及排烟热损失增加,这也是不经济的。图 2-4 是水管锅炉负荷变化与锅炉热效率之间的关系。

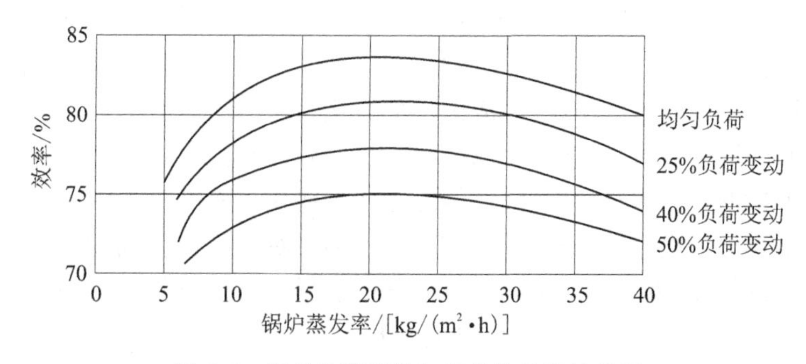

图 2-4　锅炉负荷变化与锅炉热效率的关系

造成锅炉低负荷运行的原因较多,其中锅炉容量与供热负荷不匹配是主要原因,即“大马拉小车”,这主要是锅炉房设计时锅炉容量选取不当所致。锅炉(炉型、数量和容量)的选取,应当考虑热负荷需求及其变化特点、热介质的种类(蒸汽、热水、有机热载体)、生产或供暖等多方面因素,使锅炉在最佳能效工况下运行。当热负荷波动较大且频繁时,应当采取均衡负荷的措施,实现有效调节。多台锅炉的系统宜配置集中控制装置,保证锅炉运行平衡,处于经济运行状态。在运行中,燃煤锅炉运行负荷不宜经常或长时间低于额定负荷的 80%,燃油、气锅炉的运行负荷不宜经常或长时间低于额定负荷的 60%。

2.2.2.2 锅炉排污控制不当造成的热损失

锅炉排污分连续排污、定期排污及表面定期排污。

锅炉排污会损失一部分热量,排污率越大,排出的热水就越多,造成的热能损失就越大,既浪费燃料又浪费水资源。据有关资料介绍,排污率每增加 1%就会使燃料消耗量增加 0.3%,所以,在保证锅水水质的前提下,尽量减少排污水量。锅炉排污率规定如下:以软化水为补给水或者单纯采用锅内加药处理的锅炉,不超过 10%;以除盐水为补给水的锅炉,不超过 2%。

排污率计算:

$$P=\frac{Q_{污}}{Q_{汽}}\times 100\% \tag{2-3}$$

式中 $Q_{污}$——锅炉排污水量,t/h;

$Q_{汽}$——锅炉蒸发量,t/h。

一般锅水中所含的各种氯离子最为稳定,且测定方便,因此锅炉通常以测定氯离子含量来计算排污率,即

$$P=\frac{p(Cl^-_{给})}{p(Cl^-_{锅})-p(Cl^-_{给})}\times 100\% \tag{2-4}$$

式中 $p(Cl^-_{给})$——给水中氯离子含量,mg/L;

$p(Cl^-_{锅})$——锅水中氯离子含量极限值,mg/L。

锅炉排污量必须根据锅水化验结果来确定,但在实际检验检测中发现,许多单位没有水质化验,操作人员盲目操作,有时排污量很大,造成了热量的大量损失。

2.2.2.3 煤质的影响

锅炉参数的设计选取是按一定的煤种(如挥发分、热值、灰分、水分等)设计的,与煤质直接相关,即所谓的设计燃料。因此,只有燃用与设计燃料相符或相近的燃料时,锅炉才能获得所需的燃烧效率,才能达到设计要求。而实际运行中,有很多锅炉由于多种原因使燃料偏离设计要求,燃用劣质煤,造成燃煤的着火、燃尽困难,燃烧不完全,使锅炉燃烧效率降低,影响锅炉热效率。我国的燃煤锅炉以层燃锅炉为主,层燃锅炉对煤种的适应性较差,当燃用煤种发生变化时,它的燃烧情况必然会变化。而由于锅炉操作人员无法掌握煤质情况,摸不清运行规律,也难以采取有针对性的应对措施,导致锅炉出力不足,燃烧不完全,效率下降,污染严重。又因炉排、炉拱不适宜,燃烧效果很差,既造成了能源的浪费,又影响了供热效果,可见煤质的选择是很重要的。

2.2.2.4 受热面水垢与锅炉能效

锅炉运行中,如果水质处理不符合要求,在锅炉受热面上就会生成水垢。水垢的导热性能很差,一旦在受热面上出现水垢,就会增加热阻,降低传热效率,不仅增加了排烟温度,还降低了锅炉出力,而且也会对锅炉安全运行带来威胁。水垢越厚,燃料浪费就越多。据有关资料介绍,锅炉受热面结有 1 mm 的水垢,燃料消耗会增加 3%~8%。可见水垢对能效的影响,除了排烟温度增加,还降低了锅炉出力,从而增加了能耗。同时还容易引起受热面超温、垢下腐蚀、增加检修清洗费用等。

2.2.2.5　受热面积灰与锅炉能效

锅炉受热面积灰会严重影响锅炉传热,导致能源浪费。无论是燃用固体燃料还是液体燃料,只要锅炉运行一段时间,受热面上都会黏附烟灰,烟灰的导热系数约为钢材的1/460。可见烟灰比水垢的热阻更大,对传热影响也更大,一旦受热面上积灰,排烟温度必然提高,能耗增加。图 2-5 是烟灰厚度与燃料消耗的关系曲线。

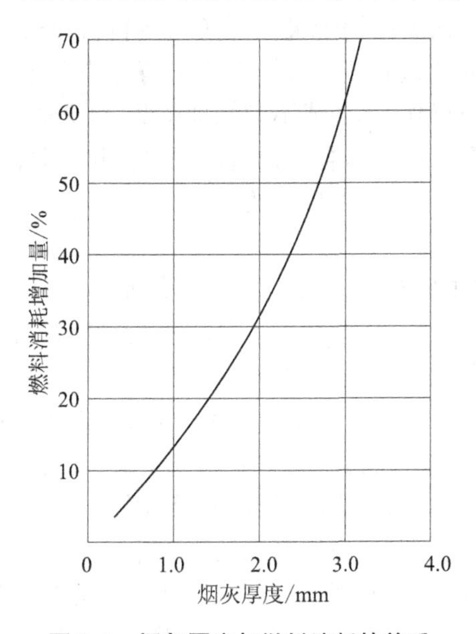

图 2-5　烟灰厚度与燃料消耗的关系

2.2.2.6　跑冒滴漏的影响

锅炉的阀门、法兰等连接处,有许多存在跑冒滴漏现象。跑冒滴漏现象往往不被重视,但认真分析就会看出其对能耗的影响程度。由蒸汽管道或设备孔隙向大气泄漏蒸汽时,其最大漏汽量 m(kg/s)可按下式计算(适用于饱和蒸汽):

$$m = 629.3A\left(\frac{P}{v}\right)^{0.5} \tag{2-5}$$

式中　A——孔隙截面面积,m^2;

P——流体绝对压力,MPa;

v——流体比容,m^3/kg。

如在压力为 0.7 MPa 的蒸汽管道上,出现一个当量直径为 2 mm 的小孔向外喷射蒸汽,根据式(2-5)计算可知,该小孔每小时可泄漏 13.61 kg 蒸汽。若每天 24 h 连续供热,一年按 360 天计算,因该小孔泄漏而造成的煤耗(标煤)就达到 11 t 之多。

2.2.3　锅炉的其他能耗

锅炉的其他能耗主要是指锅炉消耗的燃料、电、水三者的总和。锅炉的电耗和水耗包括锅炉间、辅助设备间、生活间及属于锅炉房的热交换站、软水站、煤场、渣场等全部用电量、用水量。

2.2.3.1　锅炉电耗

锅炉房内主要用电设备包括鼓风机、引风机、循环泵、补水泵、炉排、上煤机与除渣机等，其耗电量总和占锅炉房总安装电容量的90%以上。因此，降低锅炉辅机的电容量是节电的关键所在。而这些设备参数选取往往较大，如锅炉风机、水泵等计算时是根据锅炉额定负荷情况考虑的，同时增加一定的富裕系数，计算结果通常需要上浮按系列选取，总要保守选取大一些的参数，而实际锅炉又是低负荷运行，设备出现了"大马拉小车"的现象，导致设计与实际运行的严重脱节。设计上又没有考虑节电措施（如变频等），运行中由于操作人员水平低，盲目操作，不会或不做合理调节，势必造成大量的用电损耗。因此，在锅炉房设计、设备选取等方面要综合考虑，合理配套，并采取相应的节电措施，运行中加强节电科学管理，合理调节，最大限度地节约电耗。

2.2.3.2　锅炉水耗

锅炉房的水资源浪费主要有以下几个方面：凝结水不回收或回收率较低、锅炉排污率控制不合理、热水供热系统失水、生活用水不节俭，以及跑冒滴漏等。凝结水所含热量约占原有蒸汽的15%以上，提高凝结水回收率，既是节水的重要措施，也是锅炉节能的重要措施。凝结水回收对节水、节能十分重要。如前所述，锅炉排污率应经过水质化验确定，排污率过小达不到排污的目的，排污率过大造成热量及水的浪费，因此应避免盲目操作。热水供热系统失水是热水锅炉房水资源浪费的主要因素，因此应在管网安装、日常维护、检修、检测等诸多方面加强管理，严格控制系统失水率不超过1%。不管蒸汽锅炉还是热水锅炉都应当避免或减少跑冒滴漏现象等。同时还应当充分利用循环水、排污水等一切能够利用的水资源。工业蒸汽锅炉节水降耗可按照《工业蒸汽锅炉节水降耗技术导则》（GB/T 29052—2012）的有关规定执行。

2.3　锅炉能效测试

2.3.1　锅炉热平衡和锅炉热效率

锅炉热平衡是指输入锅炉的热量等于锅炉的有效利用热加各项热损失。

2.3.1.1　热平衡方程式

热平衡方程式为，在1 kg固体、液体燃料或1 m³气体燃料为单位的条件下，燃料带入炉内的热量及锅炉有效利用热量和热损失量之间的关系式称为热平衡方程式。

热平衡方程可以写成：

$$Q_r = Q_1 + Q_2 + Q_3 + Q_4 + Q_5 + Q_6 \tag{2-6}$$

式中　Q_r——1 kg（或1 m^3）燃料带入锅炉的热量或输入热量，kJ/kg（或kJ/m^3）；

Q_1——锅炉有效利用热量或输出热量，kJ/kg；

Q_2——排烟热损失，kJ/kg；

Q_3——气体未完全燃烧热损失，kJ/kg；

Q_4——固体未完全燃烧热损失，kJ/kg；

Q_5——锅炉的散热损失，kJ/kg；

Q_6——灰渣的物理热损失及冷却水热损失,kJ/kg。

若以锅炉输入热量的百分率来表示,则可得:

$$q_1+q_2+q_3+q_4+q_5+q_6=100\% \tag{2-7}$$

式中　q_1——锅炉有效利用热百分数(%);

q_2——排烟热损失百分数(%);

q_3——气体未完全燃烧热损失百分数(%);

q_4——固体未完全燃烧热损失百分数(%);

q_5——锅炉的散热损失百分数(%);

q_6——灰渣的物理热损失百分数(%)。

2.3.1.2　锅炉热效率

锅炉热效率是指同一时间内锅炉有效利用热量与输入热量的百分比。根据热平衡原理,锅炉的热效率可以通过正、反平衡两种测量方法得出。

(1)正平衡法:直接测量输入热量和输出热量来确定效率的方法。

(2)反平衡法:通过测定各种燃烧产物热损失和锅炉散热损失来确定效率的方法。

2.3.2　正平衡热效率试验项目和计算方法

2.3.2.1　锅炉能效正平衡法测量项目

正平衡法基本测量项目有:

(1)入炉燃料采样、工业分析及元素成分分析、发热量;

(2)蒸汽锅炉输出蒸汽量,热水锅炉、有机热载体锅炉的介质循环流量;

(3)自用蒸汽量;

(4)蒸汽取样量;

(5)锅水取样量;

(6)排污量(连续排污量,计入锅水取样量);

(7)蒸汽锅炉的给水温度、给水压力;

(8)热水锅炉、有机热载体锅炉的进出口介质温度;

(9)过热蒸汽温度;

(10)蒸汽锅炉的蒸汽压力,热水锅炉、有机热载体锅炉的进出口介质压力;

(11)饱和蒸汽湿度或过热蒸汽品质;

(12)燃料消耗量、电加热锅炉耗电量;

(13)试验开始到结束的时间。

2.3.2.2　锅炉能效正平衡热效率计算

正平衡热效率采用如下公式计算:

$$\eta_{正}=\frac{Q_1}{BQ_r}\times 100\% \tag{2-8}$$

式中　B——燃料消耗量或入炉燃料消耗量,kg/h 或 m^3/h;

1.锅炉输出热量

锅炉的输出热量亦称有效热量,一般定义为锅炉通过蒸汽、热水或其他介质向外提供

的热量与进入锅炉的水或其他介质带入热量之差。不同种类锅炉的输出热量,可以用下列公式表示:

(1)过热蒸汽锅炉

$$Q_1 = D(h_{gq} - h_{gs}) \tag{2-9}$$

式中　D——过热蒸汽流量,kg/h;

h_{gq}——过热蒸汽焓,kJ/kg;

h_{gs}——给水热焓,kJ/kg。

(2)饱和蒸汽锅炉

$$Q_1 = D_b\left(h_{bq} - h_{gs} - \frac{rW}{100}\right) \tag{2-10}$$

式中　D_b——饱和蒸汽流量,kg/h;

h_{bq}——饱和蒸汽焓,kJ/kg;

h_{gs}——给水热焓,kJ/kg;

r——汽化潜热,kJ/kg;

W——饱和蒸汽湿度(%)。

(3)热水锅炉

$$Q_1 = G(h_{cs} - h_{js}) \tag{2-11}$$

式中　G——热水流量,kg/h;

h_{cs}——出水热焓,kJ/kg;

h_{js}——进水热焓,kJ/kg。

在利用正平衡方法进行试验时,可根据不同类型的锅炉,选用式(2-8)~式(2-11),求得输出热量。此时,上述公式中的各种汽、水流量,饱和蒸汽湿度及燃料耗量应通过测量确定,各种汽、水焓值,汽化潜热,则按相应的压力、温度参数的测量值,从水、汽性质表中查得。

2.锅炉输入热量

锅炉的输入热量被定义为每千克或每立方米(标态)燃料输入锅炉的总热量。向锅炉设备送入的热量主要包括以下几类:

(1)燃料的化学热量,即燃料收到基低位发热量;

(2)燃料带入的物理显热;

(3)外来热源加热燃料时带入的热量;

(4)外来热源加热空气时带入的热量。

输入热量可用以下公式表示:

$$Q_r = Q_{net,v,ar} + Q_{wl} + Q_{rx} \tag{2-12}$$

式中　$Q_{net,v,ar}$——燃料收到基低位发热量,kJ/kg;

Q_{wl}——用外来热源加热燃料或空气时,相应每千克燃料所给的热量,kJ/kg;

Q_{rx}——燃料的物理显热,kJ/kg。

在所有上述所列输入锅炉的热量项目中,最主要的是第一项,即燃料收到基低位发热量($Q_{net,v,ar}$)。对其他外来热量(Q_{wl}),一般的锅炉并不存在,如果存在也要根据具体情况进行计算。燃料的物理显热(Q_{rx})在多数情况也可忽略不计,因为燃料的温度一般与锅炉

送风温度(环境温度)相差无几。因此,多数情况下式(2-12)可以简化为:

$$Q_r = Q_{net,v,ar} \tag{2-13}$$

即一般条件下,输入热量仅为燃料收到基低位发热量。将输出热量 Q_1、输入热量 Q_r 及燃料消耗量 B 代入式(2-8)即可算出正平衡热效率。

2.3.3　反平衡热效率测试项目和计算方法

2.3.3.1　反平衡法试验项目

按反平衡法进行能效测试时,其测试项目如下:

(1)入炉燃料采样、工业分析及元素成分分析、发热量;

(2)排烟温度;

(3)排烟处烟气成分;

(4)炉渣、漏煤的质量;

(5)炉渣、漏煤和飞灰可燃物含量;

(6)入炉冷空气温度;

(7)试验开始到结束的时间。

2.3.3.2　反平衡热效率计算

反平衡热效率采用下述公式计算:

$$\eta_{反} = 100-(q_2+q_3+q_4+q_5+q_6)\times 100\% \tag{2-14}$$

1.排烟热损失的计算

排烟热损失 q_2计算公式如下:

$$q_2 = \frac{(H_{py}-H_{lk})\times\dfrac{100-q_4}{100}}{Q_r}\times 100\% \tag{2-15}$$

式中　H_{py}——排烟处烟气焓,kJ/kg;

H_{lk}——入炉冷空气焓,kJ/kg;

$\dfrac{100-q_4}{100}$——修正系数(计算燃料量与实际燃料量的差别所作的修正)。

2.气体未完全燃烧热损失的计算

气体未完全燃烧热损失 q_3计算公式如下:

$$q_3 = \frac{V_{gy}}{Q_r}[126.36\varphi(CO)+107.98\varphi(H_2)+358.18\varphi(CH_4)]\times(100-q_4)\% \tag{2-16}$$

式中　V_{gy}——排烟处干烟气体积,根据燃料元素分析成分和过量空气系数计算得到的烟气体积,m^3/kg;

$\varphi(CO)$、$\varphi(H_2)$、$\varphi(CH_4)$——一氧化碳、氢气、甲烷的体积分数(%)。

3.固体未完全燃烧热损失的计算

燃煤锅炉的固体未完全燃烧热损失 q_4,对于炉排锅炉,固体不完全燃烧热损失是由炉渣不完全燃烧热损失 q_4^{lz}、漏煤不完全燃烧热损失 q_4^{lm} 和飞灰不完全燃烧热损失 q_4^{fh} 三部分组成的:

$$q_4=q_4^{lz}+q_4^{lm}+q_4^{fh} \tag{2-17}$$

对于煤粉锅炉,无漏煤一项;液态排渣炉则计算 q_4^{fh}。

式(2-17)中三项热损失的具体计算公式如下:

$$q_4^{lz}=\frac{328.66A_{ar}}{Q_r}a_{lz}\frac{C_{lz}}{100-C_{lz}} \tag{2-18}$$

$$q_4^{lm}=\frac{328.66A_{ar}}{Q_r}a_{lm}\frac{C_{lm}}{100-C_{lm}} \tag{2-19}$$

$$q_4^{fh}=\frac{328.66A_{ar}}{Q_r}a_{fh}\frac{C_{fh}}{100-C_{fh}} \tag{2-20}$$

式中 A_{ar}——入炉燃料收到基灰分(%);

C_{lz}、C_{lm}、C_{fh}——炉渣、漏煤、飞灰中可燃物含量(%);

a_{lz}、a_{lm}、a_{fh}——炉渣、漏煤、飞灰中灰量占入煤炉煤总灰量的质量百分率(%)。

锅炉灰平衡即入炉煤灰量与燃料残余物(炉渣、漏煤和飞灰)含灰量之间的平衡。通常以炉渣、漏煤与飞灰的质量占入炉煤含灰量的百分率表示:

$$a_{lz}+a_{lm}+a_{fh}=100\% \tag{2-21}$$

燃油锅炉 q_4 一般较小,燃气锅炉 $q_4=0$。

4.锅炉散热损失的计算

锅炉散热损失 q_5 可用热流计法、查表法和计算法等确定。

(1)热流计法。

①按温度水平和结构特点将锅炉本体及部件外表面划分成若干近似等温区段,并量出各区段的面积 $F_1,F_2,\cdots,F_n$,各区段的面积一般不得大于 2 m²。

②将热流计探头按该热流计规定的方式固定于各等温区段的中值点,待热流计显示读数近于稳定后,连续读取 10 个数据,并用算术平均值法求出各个区段的散热强度 p_1,$p_2,\cdots,p_n$。

③用下式求得整台锅炉的散热损失 q_5:

$$q_5=\frac{p_1F_1+p_2F_2+\cdots+p_nF_n}{BQ_r}\times 100\% \tag{2-22}$$

式中 $p_1,p_2,\cdots,p_n$——各区段的散热强度,kJ/(m²·h);

$F_1,F_2,\cdots,F_n$——各区段的面积,m²。

(2)查表法。

散装蒸汽锅炉散热损失按表 2-2 取用。

表 2-2 锅炉散热损失

项目	单位	数值						
锅炉额定出力	t/h	≤4	6	10	15	20	35	65
	MW	≤2.8	4.2	7.0	10.5	14	29	46
散热损失 q_5	%	2.9	2.4	1.7	1.5	1.3	1.1	0.8

(3)计算法。

快、组装锅炉(包括燃油、气锅炉和电加热锅炉)的散热损失可近似地按下式计算:

$$q_5=\frac{1\ 670F}{BQ_r}\times100\% \tag{2-23}$$

式中　F——锅炉散热表面面积,m^2。

2.3.4　锅炉能效测试分类

锅炉能效测试,是对锅炉在稳定(即正常燃烧状态)工况下,测定其各种热工性能参数,从而对锅炉能效状况作以判断。

按照《锅炉能效测试与评价规则》(TSG G0003)规定,锅炉能效测试分为锅炉定型产品热效率测试、锅炉运行工况热效率详细测试、锅炉运行工况热效率简单测试三种。

锅炉能效测试主要执行《锅炉能效测试与评价规则》(TSG G0003)、《锅炉热工性能试验规程》(GB/T 10180)等法规标准。

能效测试工作程序一般包含编制试验大纲、现场测试、测试数据分析等。

(1)编制试验大纲。测试机构应派具有测试经验的专业人员编制试验大纲,即按照测试任务,和制造单位提供的相关资料,结合测试现场查看的情况,根据检测单位所具有的测试仪表和测试人员配置情况编制试验大纲。

试验大纲至少应包含以下内容:

①测试任务、目的与要求。

②根据测试任务确定测量项目。

③测点布置与仪表。

④人员组织与分工。

⑤测试工作程序。

(2)在测试工作开展前,测试机构应组织测试人员学习试验大纲,让每个测试人员了解自己的工作岗位和测试要求。测试人员应根据试验大纲的要求开设测点;配齐测试仪表并对仪表进行测试前的核查。

(3)对被测锅炉及其系统的检查在测试现场,测试前需对锅炉及系统进行检查,其目的是确定被测锅炉及系统运行是否正常,是否符合测试条件,以保证测试结果的正确性。

(4)预备性试验包括全面检查测试仪表工作是否正常,熟悉操作程序,调整测试人员的相互配合程度等。其中人员的配合尤其重要,因为测试时可能有多方人员在场,如测试机构人员、制造商人员、用户人员等。大家相互不了解,没有一起工作的经验。因此,进行预备性试验可以消除测试工作中的各种隐患。

(5)现场测试是整个测试工作中的最重要部分,其工作的好坏决定了测试工作成功与否。因此,测试时应严格按照试验大纲和测试标准的要求进行,根据测试标准做好数据记录和样品的采样工作。

(6)测试完成后的检查测试需对整个测试现场作全面检查。其目的是检查测试过程中及完成后设备和仪表工作是否都处于正常状态,数据是否有效。检查包括锅炉本体、锅炉汽水系统、锅炉烟风系统、配套辅机,以及所有的测试仪表。

(7)编写测试报告根据现场的测试数据和化验数据,按照测试标准要求编写测试报告。

2.3.5 锅炉定型产品热效率测试

锅炉定型产品热效率测试是指为评价锅炉产品在额定工况下能效状况而进行的热效率测试。其主要用于锅炉新产品定型时的测试。

锅炉定型产品热效率测试是鉴定锅炉产品能效状况的一种方法。其目的是通过能效测试考核锅炉的各项热工性能技术指标是否达到设计要求,是否符合相关法规、标准的要求,锅炉制造单位是否可进行批量生产的条件。

目前已将锅炉热效率、排烟温度、排烟处过量空气系数能效指标作为锅炉产品是否达到国家相关标准要求的基本能效指标。对于《锅炉节能技术监督管理规程》(TSG G0002—2010)中未涉及的燃料(如稻壳、秸秆等)的锅炉评价方法为,各单项指标按照《锅炉节能技术监督管理规程》(TSG G0002—2010)要求,锅炉热效率值应达到锅炉设计值要求。

2.3.5.1 测试方法

(1)对手烧锅炉、下饲式锅炉、电加热锅炉采用正平衡法进行测试。

(2)对于额定蒸发量(额定热功率)大于或等于 20 t/h(14 MW)的锅炉,可以采用反平衡法进行测试。

(3)其余锅炉均应当同时采用正平衡法与反平衡法进行测试。

不论采用何种测试方法,都应至少进行 2 次热效率测试。

测试方法主要是按照额定蒸发量(额定热功率)进行分类,同时兼顾了特殊燃烧方式的要求。

需要指出的是,《锅炉热工试验规程》(GB/T 10180)规定锅炉效率应采用正、反平衡法测量。手烧锅炉等因炉渣计量有困难,允许只用正平衡法测定锅炉效率,但此时应列出锅炉的炉渣可燃物含量、烟气含氧量及排烟温度。电加热锅炉无法进行反平衡测试,故也仅要求进行正平衡测试。

对于锅炉额定蒸发量(额定热功率)大于等于 20 t/h(14 MW)的锅炉,只有当正平衡测定有困难,即固体燃料计量有困难时才可以仅采用反平衡测量锅炉效率。所以,一般燃油、燃气锅炉也应同时采用正、反平衡法。

标准中规定采用正平衡法与反平衡法的测试应是在同一工况下同一时间进行的测试。该工况下锅炉热效率应为正平衡法和反平衡法同时测得的热效率的平均值。

2.3.5.2 测试条件

1.制造单位需要提供的资料

在测试前核查时应注意的还有,测试锅炉所选用的省煤器尺寸与设计文件节能审查文件、锅炉备案图纸、锅炉热力计算书中的尺寸是否一致。查阅燃料化验单,大致了解燃料的发热量、煤的含灰量等信息,便于测试过程中对测试状况的把握。试验用煤应符合锅炉用煤分类标准,同时符合锅炉制造厂设计要求。

额定参数主要指锅炉蒸发量(热功率)、蒸汽温度、热水温度和锅炉压力。锅炉实测参数(如压力、温度、出力等)与设计参数对比,在《锅炉热工性能试验规程》(GB/T 10180)中对两者允许存在一定的偏差,如每次试验后的折算出力为额定值的 97% ~ 105%,就可以认为符合额定参数下运行的要求。

在进行锅炉定型产品热效率测试时,制造单位应当提供以下产品资料:①锅炉设计说明书(包括设计出力范围、设计燃料要求及燃料所属分类);②锅炉总图;③锅炉热力计算书;④锅炉烟风阻力计算书;⑤锅炉水动力计算书;⑥锅炉使用说明书;⑦燃油、燃气锅炉燃烧器型号。

2.锅炉测试应具备的条件

进行锅炉定型产品热效率测试应当具备以下条件:

(1)锅炉能够在额定参数下处于安全、热工况稳定的运行状态。

(2)辅机应当与锅炉出力相匹配且运行正常,系统不存在跑冒滴漏现象。

(3)测试所用燃料应当符合设计燃料的要求。

(4)锅炉各测点布置应满足测试大纲的要求。

2.3.5.3 测试项目

锅炉定型产品热效率测试的测试项目根据锅炉炉型、燃料品种等因素确定,并且在试验大纲内予以说明。

(1)按正平衡法进行能效测试时,其测试项目如下:

①发热量,固体、液体燃料元素分析(硫、氢、水分);

②蒸汽锅炉输出蒸汽量,热水锅炉、有机热载体锅炉的介质循环流量;

③自用蒸汽量;

④蒸汽取样量;

⑤锅水取样量;

⑥排污量(连续排污量,计入锅水取样量);

⑦蒸汽锅炉的给水温度、给水压力;

⑧热水锅炉、有机热载体锅炉的进、出口介质温度;

⑨过热蒸汽温度;

⑩蒸汽锅炉的蒸汽压力,热水锅炉、有机热载体锅炉的进、出口介质压力;

⑪饱和蒸汽湿度或过热蒸汽含盐量;

⑫燃料消耗量、电加热锅炉耗电量;

⑬试验开始到结束的时间。

(2)按反平衡法进行能效测试时,其测试项目如下:

①燃料元素分析、工业分析、发热量;

②排烟温度,燃烧室排出炉渣的温度、溢流灰和冷灰的温度;

③排烟处烟气成分(含 RO_2、O_2、CO);

④炉渣、漏煤、烟道灰、溢流灰和冷灰的质量;

⑤炉渣、漏煤、烟道灰、溢流灰、冷灰和飞灰可燃物的含量;

⑥入炉冷空气的温度;

⑦试验开始到结束的时间。

按正反平衡法进行能效测试时,其测试项目为同时测量正平衡法和反平衡法。

2.3.5.4　测试要求

1.基本要求

正式测试应在锅炉热工况稳定和燃烧调整到测试工况 1 h 后开始进行。锅炉热工况稳定是指锅炉主要热力参数在许可波动范围内其平均值已不随时间变化而变化,热工况稳定所需时间(自冷态点火开始)一般规定为:

(1)对无砖墙(快、组装)的锅壳式燃油、燃气锅炉不少于 1 h,燃煤锅炉不少于 4 h;

(2)对轻型炉墙锅炉不少于 8 h;

(3)对重型炉墙锅炉不少于 24 h。

2.测试期间要求

测试期间锅炉工况应符合以下规定:

(1)锅炉实测出力的最大允许波动正负值应符合图 2-6。

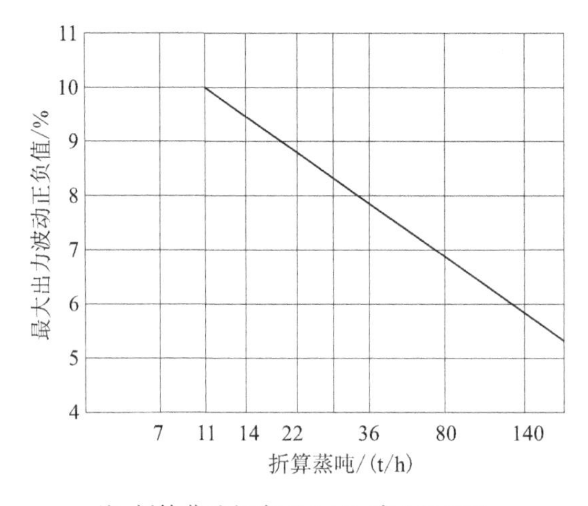

注:折算蒸吨相当于 1 t/h 或 0.7 MW。

图 2-6　最大允许的出力波动值

(2)蒸汽锅炉的压力允许波动范围如下:

①设计压力小于 1.0 MPa 时,试验期间内压力不小于设计压力的 85%;

②设计压力为 1.0~1.6 MPa 时,试验期间内压力不得小于设计压力的 90%;

③设计压力大于 1.6 MPa 及小于等于 2.5 MPa 时,试验期间内压力不得小于设计压力的 92%;

④设计压力大于 2.5 MPa 及小于 3.8 MPa 时,试验期间内压力不得小于设计压力的 95%。

(3)过热蒸汽温度波动范围如下:

①设计温度为 250 ℃,试验实测温度应控制在 230~280 ℃;

②设计温度为 300 ℃,试验实测温度应控制在 280~320 ℃;

③设计温度为 350 ℃,试验实测温度应控制在 330~370 ℃;

(4)蒸汽锅炉的实际给水温度与设计值之差宜控制在+30~20 ℃。

(5)热水锅炉的进水温度和出水温度与设计值之差不宜大于±5 ℃。

(6)热水锅炉测试时的压力应保证出水温度比该压力下的饱和温度至少低 20 ℃。

(7)测试期间安全阀不得起跳,不得吹灰,不得排污。在过热蒸汽锅炉测试时,如必须排污,排污量应计量,但其数值不得超过锅炉出力的 3%。

3.测试结束要求

在测试结束时,锅筒水位和煤斗的煤位均应与试验开始时一致,如不一致,应进行修正。测试期间过量空气系数、给煤量、给水量、炉排速度、煤层或沸腾燃烧锅炉燃料层高度应基本相同。

对于手烧锅炉,在测试开始前和测试结束前均应进行一次清炉。测试结束与开始时,煤层厚度和燃烧状况应基本一致。

2.3.5.5 正式测试时间

(1)火床燃烧、火室燃烧、沸腾燃烧固体燃料锅炉 4 h。

(2)火床燃烧甘蔗渣、木柴、稻壳及其他固体燃料锅炉 6 h。

(3)对于手烧炉排、下饲炉排等锅炉应不少于 5 h;对于手烧锅炉,测试时间内至少应包含一个完整的出渣周期。

(4)液体燃料和气体燃料锅炉 2 h。

(5)电加热锅炉,每次试验 1 h。

2.3.5.6 测试次数、蒸发量修正方法及误差要求

(1)锅炉的新产品定型试验应在额定出力下进行两次。

(2)每次测试的实测出力应为额定出力的 97%~105%。当蒸汽和给水的实测参数与设计不一致时,锅炉的蒸发量应进行修正。

2.3.5.7 电加热锅炉测试要求

(1)电加热锅炉定型试验应在额定出力下至少进行两次,测试应在锅炉运行达到稳定工况 1 h 后进行,每次试验时间为 1 h,锅炉效率取两次效率的算术平均值。

(2)电耗量可用电度表(精度不低于 1.0 级)和互感器(精度不低于 0.5 级)测量,1 kW·h的发热量折算为 3 600 kJ。

2.3.5.8 有机热载体炉测试要求

有机热载体炉可按热水锅炉的测试方法进行。只是在计算载热量时,导热油的比热容以其实测温度下的进、出口油的比热容与在 0 ℃时的比热容的平均值为准。

2.3.5.9 测试结果规定

每次测量的正、反平衡的效率之差应当不大于 5%,两次测试测得的正平衡或反平衡效率之差均不应当大于 2%,燃油、燃气和电加热锅炉各种平衡的效率之差均不应当大于 1%。

取两次测试结果的算术平均值作为锅炉热效率最终测试结果。

2.3.6　锅炉运行工况热效率简单测试

锅炉运行工况热效率简单测试是在锅炉实际运行工况下，通过对基本参数的测试，并查表运用相关经验数据，对锅炉的实际运行能效状况作基本的判定。锅炉运行工况热效率简单测试是在锅炉运行工况详细测试所采用的反平衡法基础上精简而来的。

2.3.6.1　测试条件

进行锅炉运行工况热效率简单测试应具备以下条件：

(1)锅炉能够在设计工况范围内处于安全、热工况稳定的运行状态。

(2)辅机运行正常，系统不存在跑冒滴漏现象。

(3)测试期间应使用同一品种和质量的燃料。

(4)锅炉及辅机系统各测点布置应满足测试大纲的要求。

2.3.6.2　测试项目

锅炉运行工况热效率简单测试包括以下项目：

(1)排烟温度；

(2)排烟处过量空气系数；

(3)排烟处 CO 含量；

(4)入炉冷空气温度；

(5)飞灰可燃物含量；

(6)漏煤可燃物含量；

(7)炉渣可燃物含量；

(8)燃料收到基低位发热量，收到基灰分；

(9)测试开始和结束的时间。

2.3.6.3　测试要求

1.正式测试时间

(1)层燃锅炉、室燃锅炉、流化床锅炉等燃烧固体燃料的锅炉不少于 1 h。

(2)对于手烧炉排、下饲炉排等燃烧固体燃料的锅炉不少于 1 h，且试验时间内至少包含一个完整的燃料添加和出渣周期。

(3)燃液体燃料和气体燃料锅炉应不少于 0.5 h。

(4)烟气测量次数不少于 5 次，每次间隔时间均等，测试开始、结束时各 1 次(对于排烟温度、排烟处过量空气系数、排烟处 CO 含量按测试数据取算术平均值作为计算数值)。

2.测试次数

锅炉运行工况热效率简单测试次数为 1 次。

2.3.6.4　测试方法

锅炉运行工况热效率简单测试采用反平衡法。参数的计算或者选取如下：

1.排烟热损失

锅炉排烟热损失 q_2 按照下式进行计算：

$$q_2=(m+n\alpha_{py})\left(\frac{t_{py}-t_{lk}}{100}\right)\left(1-\frac{q_4}{100}\right) \tag{2-24}$$

式中，m、n 为计算系数，根据燃料种类按照表2-3选取。

表2-3 不同燃料的计算系数

计算系数	褐煤	烟煤	无烟煤	油、气
m	0.6	0.4	0.3	0.5
n	3.8	3.6	3.5	3.45

2.气体未完全燃烧热损失

气体未完全燃烧热损失 q_3 按照表2-4选取。

表2-4 气体未完全燃烧热损失 q_3

项目	单位	数值		
CO	% (mg/L)	≤0.05 (≤500)	0.05<~0.1 (500<~1 000)	>0.1 (>1 000)
q_3	%	0.2	0.5	1

3.固体未完全燃烧热损失

(1)固体未完全燃烧热损失 q_4 按照下式进行计算：

$$q_4=\frac{328.66\times A_{ar}}{Q_{net,v,ar}}\times\left(a_{fh}\frac{C_{fh}}{100-C_{fh}}+a_{lm}\frac{C_{lm}}{100-C_{lm}}+a_{lz}\frac{C_{lz}}{100-C_{lz}}\right) \tag{2-25}$$

(2)飞灰、漏煤、炉渣含灰量占入炉燃料总灰量的重量百分比(a_{lz}、a_{lm}、a_{fh})按照表2-5选取。

表2-5 飞灰、漏煤、炉渣含灰量占入炉燃料总灰量的重量百分比 %

燃烧方式	煤种		
	飞灰(a_{fh})	漏煤(a_{lm})	炉渣(冷灰)(a_{lz})
往复炉排	20~10	5	75~85
链条炉排	20~10	5	75~85
抛煤机炉排	30~20	5	65~75
流化床	50~40	—	50~60
煤粉炉	90~80	—	10~20
水煤浆	80~70	—	20~30

注：在选取时，应满足 $a_{lz}+a_{lm}+a_{fh}=100\%$。

(3)燃油、燃气锅炉，q_4 为0。

4.散热损失

(1)锅炉实际运行出力不低于额定出力的75%时，散热损失 q_5 可直接按表2-2选取。

(2)当锅炉实际运行出力低于额定出力的75%时，散热损失 q_5 可用表2-2的值按照式(2-26)、式(2-27)修正：

$$q_5 = q_{5ed}\frac{D_{ed}}{D_{sc}} \tag{2-26}$$

$$q_5 = q_{5ed}\frac{Q_{ed}}{Q_{sc}} \tag{2-27}$$

式中 q_{5ed}——锅炉额定出力下散热损失(%)；

D_{ed}——蒸汽锅炉额定蒸发量,t/h；

D_{sc}——蒸汽锅炉实际蒸发量,t/h；

Q_{ed}——热水锅炉(或有机热载体锅炉)额定热功率,MW；

Q_{sc}——热水锅炉(或有机热载体锅炉)实际热功率,MW。

(3)当锅炉实际运行出力低于额定出力的30%时,按30%出力条件进行修正;无法计量锅炉出力时,实际出力按额定出力的65%计算。

5.灰渣物理热损失

灰渣物理热损失 q_6,只计算炉渣的物理热损失,飞灰、漏煤的物理热损失不计,见式(2-28)：

$$q_6 = \frac{a_{lz}A\ (ct)_{lz}}{Q_{net,v,ar}(100-C_{lz})} \tag{2-28}$$

式中,炉渣的焓$(ct)_{lz}$的选取温度,层燃炉和固态排渣煤粉炉炉渣按600 ℃,流化床锅炉炉渣按800 ℃。

燃油、燃气锅炉, $q_6=0$。

6.锅炉热效率(η_j)

锅炉运行工况热效率简单测试结果按照式(2-29)计算：

$$\eta_j = 100-(q_2+q_3+q_4+q_5+q_6)\times 100\% \tag{2-29}$$

2.3.7 测量方法

2.3.7.1 燃料取样的方法

(1)入炉原煤取样,每次试验采集的原始煤样数量应不少于总燃煤量的1%,并且总取样量不少于10 kg。取样应在称重地点进行;当锅炉额定蒸发量(额定热功率)大于或者等于20 t/h(14 MW)时,采集的原始煤样数量不少于总燃料量的0.5%。

(2)对于液体燃料,从油箱或者燃烧器前的管道上抽取不少于1 L样品,装入容器内,加盖密封,并且做上封口标记,送化验室。

(3)城市煤气及天然气的成分和发热量通常可由当地煤气公司或者石油天然气公司提供;对于其他气体燃料,可在燃烧器前的管道上开一取样孔,接上燃气取样器取样,进行成分分析,气体燃料的发热量可按其成分进行计算。

(4)对于混合燃料,可根据入炉各种燃料的元素分析、工业分析、发热量和全水分再按相应基质的混合比例求得对应值,然后作为单一燃料处理。

2.3.7.2 燃料计量的方法

(1)固体燃料应当使用衡器称重(精度不低于0.5级),衡器应当经检定合格,燃料应当与放燃料的容器一起称重,试验开始和结束时该容器重量应当各校核一次。

(2)对于液体燃料应当由称重法或者在经标定过的油箱上测量其消耗量,也可用油流量计(精度不低于 0.5 级)来确定。

(3)对于气体燃料,可用气体流量表(精度不低于 1.5 级)或标准孔板流量计来确定消耗量。气体燃料的压力和温度应在流量测点附近测出,用以将实际状态的气体流量换算到标准状态下的气体流量。

2.3.7.3　蒸汽锅炉蒸汽量的测量

(1)饱和蒸汽一般通过测量锅炉给水流量来确定。给水流量可用水箱、涡轮流量计(精度不低于 0.5 级)、电磁流量计(精度不低于 0.5 级)、孔板流量计(其测量系统精度不低于 1.5 级)、涡街流量计(精度不低于 1.5 级)等任一种仪表来测定。额定蒸发量大于或等于 20 t/h 的蒸汽锅炉也可以用超声波流量计(精度不低于 1.5 级)来测量给水流量。

(2)过热蒸汽量也可通过直接测量蒸汽流量来确定,测量方法可用孔板流量计(精度不低于 0.5 级)、差压变送器(精度不低于 0.5 级)、积算仪(精度不低于 0.5 级)等来测量。如果锅炉有自用蒸汽,应当予以扣除。

2.3.7.4　热水锅炉循环水量的测量

热水锅炉的循环水量,可在热水锅炉进水管道上安装涡轮流量计、涡街流量计、电磁流量计、超声波流量计、孔板流量计等任一种仪表进行测量。热油载体锅炉的循环油量可用涡街流量计或孔板流量计等进行测量。所用仪表精度等级与饱和蒸汽测量相应仪表精度级别相同。

2.3.7.5　介质压力测量

蒸汽锅炉给水及蒸汽系统的压力、热水锅炉及有机热载体锅炉介质循环系统压力测量应当采用精度不低于 1.6 级的压力表。

2.3.7.6　温度测量

锅炉蒸汽、水、空气、烟气介质温度的测量,可根据介质特性,采用精度不低于 0.5 级的温度计进行测量。对热水锅炉,进、出水温度应当采用读数分辨率为 0.1 ℃的温度计进行测量。

测温点应布置在管道或烟道截面上介质温度比较均匀的位置。对锅炉额定蒸发量(额定热功率)大于或等于 20 t/h(14 MW)时,排烟温度应进行多点测量,一般可布置 2~3 个测点,取其算术平均值作为锅炉的排烟温度。排烟温度的测点,应接近最后一节受热面,距离应不大于 1 m。

2.3.7.7　烟气测量

(1)烟气测点应当接近最后一节受热面,距离不大于 1 m。

(2)烟气测点应当布置在烟道截面上介质温度、浓度比较均匀的位置(在烟道直径的 1/2~1/3 处)。

(3)烟气成分测试,使用烟气分析仪测量时,测定 RO_2、O_2 的精度不得低于 1.0 级,测定 CO 的精度不得低于 5.0 级。

2.3.7.8　灰平衡测量与计算

为计算燃煤锅炉固体未完全燃烧热损失及灰渣物理热损失,应当进行灰平衡测量。灰平衡是指炉渣、漏煤、烟道灰、溢流灰、冷灰和飞灰中的含灰量与入炉煤含灰量相平衡。

通常以炉渣、漏煤、烟道灰、溢流灰、冷灰和飞灰的含灰量占入炉煤总灰量的重量百分率来核算。进行灰平衡计算时，应当对炉渣、漏煤、烟道灰、溢流灰、冷灰等各段灰渣进行称重和取样化验，对飞灰进行取样化验。当锅炉某一段灰或者渣无法称重计量时，则可通过测量飞灰浓度来进行灰平衡计算。

2.3.7.9 灰渣的取样

(1)装有机械除渣设备的锅炉，可在灰渣出口处定期取样(一般每 15 min 取一次)。

(2)每次试验采集的原始灰渣样重量不少于总灰渣量的 2%；当煤的灰分 $A_d \geqslant 40\%$ 时，原始灰渣样重量不少于总灰渣量的 1%，并且总灰渣样重量不少于 20 kg；当总灰渣量少于 20 kg 时，予全部取样，缩分后灰渣重量不少于 1 kg，漏煤与飞灰取样缩分后的重量不少于 0.5 kg。

(3)在湿法除渣时，应当将灰渣铺开在清洁地面上，待稍干后再称重和取样。

2.3.7.10 饱和蒸汽湿度和过热蒸汽含盐量的测定

饱和蒸汽湿度和过热蒸汽含盐量的测定有三种测定方法：氯根法(硝酸银容量法)、钠度计法(PNA 电极法)、电导率法。常用电导率法。

2.3.7.11 风室风压、风道风压和各点烟气压力测量

风室风压、风道风压和各点烟气压力可采用 U 形玻璃管压力计等仪表进行测量。

2.3.7.12 电耗量测量

电耗量可用电度表(精度不低于 1 级)和互感器(精度不低于 0.5 级)测量，1 kW · h 热量按照 3 600 kJ 进行折算。

2.3.7.13 散热损失确定

散热损失的测定有三种方法：热流计法、查表法、计算法。

2.3.7.14 记录

除需化验分析以外的有关测试项目，应每隔 10~15 min 读数记录一次。对热水锅炉和有机热载体锅炉进、出口介质温度应每隔 5 min 读数记录一次。介质循环量用累计方法确定。

2.3.8 燃料的计量和取样

2.3.8.1 固体燃料计量

1.用磅秤计量

(1)盛煤的容器如小车、桶、筐等必须精确称重，并在一段时间如 1 h 复校 1 次。

(2)每一车(桶或筐)都必须计量，记录过磅的次序、每次的毛重。

(3)每次小车(桶或筐)里的燃料都必须倒清，避免残留。

(4)如有已计量但最终未入炉的燃料应在记录中予以扣除。

2.用地磅计量

(1)清扫地磅的磅秤面。

(2)对每一车都应计量其净重和皮重，并注意每 1 次计量是否在地磅的计量量程内。

(3)如有已计量但最终未入炉的燃料应在记录中予以扣除。

3.用皮带秤计量

(1)计量前先把皮带秤空载运行一段时间,确保皮带秤上无遗留物。

(2)当燃煤进入皮带秤后开始计量。

(3)计量完毕,应让皮带秤空载运行一段时间,确保皮带秤上无燃煤。

(4)用皮带秤计量时,应注意在计量过程中是否有煤撒漏下来。如有应清扫起来,在总计量中予以扣除。

4.平煤仓

在燃煤(固体燃料)测试中,对煤的计量还有一个平煤仓的程序。因为测试开始的时候,煤斗里总是留有一部分煤,到测试结束时应把煤斗里的煤剩余量与开始时保持一致,因此需要进行平煤仓的工作。具体步骤如下:

(1)在测试开始前10 mm左右开始平煤仓。

(2)用铁锹或别的工具把煤仓里的煤整平。

(3)用尺记录下煤在煤仓里的高度,并记录下时间。此时记录下的时间是煤计量的开始。

(4)在测试结束前10 min左右开始平煤仓。

(5)当煤下降到开始时的高度时记录下时间。此时记录下的时间,无论是超过一个工况的测试时间(4 h)还是没到一个工况的测试时间(4 h),都是煤计量的结束时间,然后按一个工况的测试时间(4 h)进行折算。

5.固定炉排锅炉炉膛中煤位高度的确定方法

(1)清除已燃尽的炉渣。

(2)平整炉膛中正在燃烧的燃煤。

(3)用相机拍下炉膛中煤位高度,或在锅炉炉门旁用粉笔标出煤位高度;也可二者同时应用。

(4)测试完成时,先清除已燃尽的炉渣,然后使炉膛中燃煤回到开始时的煤位高度。此时炉膛中燃煤燃烧情况应与开始时保持一致。

2.3.8.2　液体燃料计量

液体燃料计量可用磅秤、盛油的油箱、流量计。

1.使用磅秤进行计量

(1)对于小容量的燃油锅炉,可直接把盛油的容器放在磅秤上进行计量。在试验开始时记下初时燃油的质量,以后每隔15 min记录燃油的质量。直到测试结束。

(2)对于稍大容量的燃油锅炉,测试开始时先在盛油的容器上做好标记,然后用磅秤对需加入的燃油一桶一桶进行计量,并依次添入盛油的容器内,直到试验结束。需注意以下几点:

①在试验结束时盛油的容器内燃油的液位应回到开始时的标记位置。

②如有已计量,但最终未入炉的燃料应在记录中予以扣除。

③每次添油时,桶内的油应倒尽,避免残留或流到外面。

2.使用油箱进行计量

(1)油箱必须有液位计。在试验开始时记下初时的高度,以后每隔15 min记录高度,直到测试结束。

(2)在试验过程中应同时记录油的温度。

(3)使用油箱进行计量,必须进行标定。具体的方法如下:

①取油箱的上、中、下及随机共 4 个点。

②在每个点的地方取 20~50 kg(视油箱大小)用标准量器或磅秤进行计量。

③读出取出 20~50 kg 油时的油箱液位下降高度,计算出油的体积或质量。

④用计量数据和油箱的数据进行比较。

⑤如比较下来每个点的误差均在 0.5%内,则油箱可作为计量油箱使用,否则不可。

⑥使用油箱进行计量时,需用油的密度把油的体积换算成油的质量。

3.使用流量计进行计量

(1)对于大容量的燃油锅炉一般都使用流量计进行计量,一般选用容积式流量计。在试验开始时记下流量计初时的读数,以后每隔 15 min 记录读数,直到测试结束。

(2)由于一般油的流量计都是体积流量,因此需根据流经流量计时油温下的密度,把油的体积流量换算成油的质量流量。

2.3.8.3 气体燃料计量

(1)气体燃料的流量一般采用气体流量计进行计量,且多使用在线流量计,一般选用涡街流量计和旋转活塞式容积流量计。在试验开始时记下流量计初时的读数,以后每隔 15 min 记录读数,直到测试结束。

(2)在计量气体流量时,必须在流量计附近同时测量气体的压力和温度。

(3)然后根据测得的气体压力和温度,把气体的实际状况换算到标准状况。

(4)如果在流量计上读数已是标准状况,应注意其标准状况是不是 0 ℃下的标准状况;如不是,应换算到 0 ℃下的标准状况。

2.3.8.4 原煤(固体燃料)取样

煤的取样是锅炉试验成败的关键,取样一定要有代表性。我国供应的煤是原煤,有时是混合煤。即使是从矿区购买的单一煤种,也是未经选洗的原煤。在同一煤种中,在不同部位取样,其化验结果也会不一样;同时,原煤从开采、配煤、储存、运输至燃料公司再到用户煤库又经加水等处理,加之颗粒度相差甚远,有大块的好煤和煤矸石,这些因素的变化给煤的取样带来了很大的麻烦。

因而取样是决定测试是否正确乃至成功与否的关键。因为煤样发热量高低直接影响锅炉正平衡值,而反平衡与发热量高低的关系相对较小。结果由于取煤样热量偏低,正平衡偏高,导致正反平衡效率值之差超过 5%,测试作废;反之亦然。因而煤的取样能否正确代表燃烧煤的品质至关重要。取样方法如下:

(1)在拉煤的小车上取样。应在过磅前,每车进行取样。取样部位一般在小车距离四角 5 cm 处和中心部位共 5 点取样。

(2)在地上取样。在煤堆四周高于地面 10 cm 以上处,取样不得少于 5 点。

(3)皮带输送机上取样。在整个燃煤输送过程中,应使用铁锹横截煤流取样,时间间隔要均匀。

上述取样方法每点或每次重量要均匀且不得少于 0.5 kg。取好的煤样应立即放入带盖的容器中,以防煤中水分蒸发。容器以塑料或铁桶为好。

(4)取样地点宜在称重地点旁边。这是因为煤样要代表称重时的燃煤,在其他地点所取煤样不能代表称重时的燃煤。

(5)如仅进行反平衡测试,燃煤取样可在煤进锅炉前的煤仓或输送带上。

(6)取样开始时间和结束时间视煤仓的大小可以适当提前。

(7)总取样量应不少于总燃煤量的 1%,总取样量不少于 10 kg。对出力大于等于 20 t/h(14 MW)的锅炉,燃煤量很大,则总取样量可减少到不少于 0.5%的总燃煤量。

2.3.8.5　煤粉的采样

煤粉采样应在制粉设备工况稳定时进行。如工况已发生变化,则应在工况稳定 40~50 min 后再进行采样。

(1)对于具有中间储仓制粉系统的煤粉炉,煤粉样品可在旋风分离器到煤粉仓的下粉管上采集,也可在给粉机下粉管上采集。在给粉机下粉管下端焊入一根内径为 20~25 mm 的开口管子。管子开口端向上,另一端连接取样罐,利用下粉管中煤粉自由沉降作用可采集煤粉样品。

(2)对于采用直吹制粉系统的煤粉炉,煤粉样品只能在通向炉膛的煤粉空气混合物管道中采集。此时,可采用等速煤粉取样管进行煤粉取样。

①正确抽取煤粉空气混合物流体中的煤粉样品的首先条件为保持等速取样,即应使吸入取样管口的气流速度与四周主气流速度相等;否则,在取样管口会发生气流收缩或扩散现象,从而导致吸入煤粉的粒度组分与实际工况不符。

②等速取样由微差压计进行监视,因抽气源作用而吸入取样管的煤粉样品经二级旋风分离器后取出。分离出来的气流经过滤器后回入抽气源,抽气源由用压缩空气作动力的各式抽气器构成。

③根据伯努利定律,要使进入管嘴的空气流速与管嘴外的空气流速相等,管嘴内壁测得的静压应与管嘴外壁上测得的四周气流的静压相等。因此,在取样过程中,只要监测压差保持为零值,即可保证进行等速取样。

2.3.8.6　煤样的缩分

(1)煤样最好用专用的碎煤机进行破碎,可将原煤粒度一次破碎到 3 mm 以下。

(2)如无碎煤机而需用人工破碎时,应先在地上铺设钢板,为防止钢板吸收煤样中的水分,宜在钢板上先放置与试验煤相同的煤让钢板吸潮,待稳定后将其去掉,再放上煤样进行缩分。用铁锤将煤破碎到粒度为 25 mm 以下,采用锥体四分法进行缩分。然后分出一半再把煤样破碎至 13 mm 以下,再用锥体四分法进行缩分,直到煤样缩分至 2 kg,装入两只取样瓶内进行密封,并标上样品名称、编号、取样日期、取样点、被测锅炉型号,签上取样人姓名。一份供分析化验,一份供测试组保存备查。

(3)煤样采用锥体四分法进行缩分。先将煤样用铲堆成圆锥形,再用圆盘将其压扁,最后用十字隔板将煤样分成四个相等的部分。将对角两部分煤样取走不用,余下的两部分煤样再按前法破碎缩分,直到符合前面述及的剩余样品量。

2.3.8.7　燃油的取样

(1)燃油的试样一般在进油管上从阀门中抽取。

(2)对于小型燃油锅炉,也可在燃油箱中取样,此时可将一开有多个小孔的取样管沿垂直方向插入燃油箱中,然后从笛型管的顶端抽出油的试样。笛型管插入油箱应离箱底10~15 cm。笛型管上开设的小孔应均匀分布,管子直径一般在8~10 mm,材质宜用铜管或不锈钢管。当在油箱中取样时,不可直接从油箱底部的排污管中提取。

(3)燃油试样在充入装试样容器后应混合均匀,然后倒入两个容积为1 L的取样瓶内,将瓶盖紧后并标上样品名称、编号、取样日期、取样点、被测锅炉型号,签上取样人姓名。一份供分析化验,一份供测试组保存备查。

2.3.8.8　燃气的取样

1.取样地点

从安全角度(取样应在气体压力最低处进行)和取样方便考虑,燃气的取样地点最好选在锅炉气体燃料减压(调节)阀后面的气体管道上或燃烧器前的燃气管道上。

2.取样方法

在天然气管道上开设的取样孔上面安装一个阀门。用乳胶管接上燃气取样器(袋)进行取样。应注意的是,取样前要把取样管道和取样器(袋)吹扫干净。

3.燃气的发热量及成分

城市煤气、天然气的发热量及成分,通常由煤气及石油、天然气公司提供,也可在试验进行中取样进行化验,与燃气公司提供的化验数据进行对照,有差异时,以取样化验为准。

2.3.8.9　取样时间

(1)固体燃料,取样时间与燃料计量同时进行,当燃料不需要计量时,取样时间间隔宜为30 min。

(2)液体气体燃料,取2次以上。

2.3.9　灰渣的计量和取样

2.3.9.1　灰渣的计量

(1)灰渣的计量包含炉渣、冷灰、漏煤、烟道灰等,有时候也包含对飞灰的计量。

(2)试验开始时把灰渣清理干净,然后计时开始,直到试验结束。

(3)计量方法基本同煤的计量方法。

(4)对含有大量水分的灰渣,需堆在地上沥干水分后再进行计量。

2.3.9.2　炉渣的取样

(1)炉渣取样应与计量同步进行。

(2)炉渣取样时,如有红火,应加水熄灭,使其可燃物含量不会在空气中减少。

(3)如炉渣是湿的,应化验水分。

(4)采集的炉渣样总量应不少于试验期间产生的炉渣总量的2%。当煤的灰分A_d>40%时,炉渣样总量应不少于试验期间产生的炉渣总量的1%,且总炉渣样不得少于20 kg。当总炉渣量少于20 kg时,应全部取样。

(5)取样和缩分的方法与煤相同。

(6)把炉渣样缩分至2 kg,装入两只取样瓶内进行密封,并标上样品名称、编号、取样日期、取样点、被测锅炉型号,签上取样人姓名。一份供分析化验,一份供测试组保存备查。

2.3.9.3　冷灰的取样

（1）冷灰的取样和缩分与炉渣的一样。

（2）冷灰取样时，如有红火，应加水熄灭，使其可燃物含量不会在空气中减少。

（3）如冷灰有几个放灰口，取的灰样应根据各放灰口的灰量进行加权混合。

加权的方法是，计算出每个放灰口的灰重量比例，然后按照这个比例确定每个放灰口的冷灰取样量。

2.3.9.4　漏煤的取样

（1）漏煤的取样一般在试验结束时进行。

（2）漏煤的取样和缩分基本与炉渣的一样。

（3）如漏煤有几个放灰口，取的样应根据各放灰口的漏煤量进行加权混合。

（4）缩分至 1.0 kg，装入两只取样瓶内进行密封，并标上样品名称、编号、取样日期、取样点、被测锅炉型号，签上取样人姓名。一份供分析化验，一份供测试组保存备查。

2.3.9.5　烟道灰的取样

（1）烟道灰的取样和缩分基本与炉渣的一样。

（2）如烟道灰有几个放灰口，取的样应根据各放灰口的烟道灰量进行加权混合。

（3）缩分至 1.0 kg，装入两只取样瓶内进行密封，并标上样品名称、编号、取样日期、取样点、被测锅炉型号，签上取样人姓名。一份供分析化验，一份供测试组保存备查。

2.3.9.6　飞灰取样

（1）飞灰在计算灰平衡时只取样，不计量。

（2）小型锅炉的飞灰可在除尘器的出灰口取样。

①对于干式除尘器，当试验完成后，打开除尘器出灰口，放出飞灰，取飞灰 1.0 kg，装入两只取样瓶内进行密封，并标上样品名称、编号、取样日期、取样点、被测锅炉型号，签上取样人姓名。一份供分析化验，一份供测试组保存备查。

②对于湿式除尘器，在试验过程中，定时用容器在除尘器的出水口处连水带灰取一桶，放在旁边让其自然沉淀。沉淀完成后沥去上面的水，取出飞灰。待试验结束，把所有取的飞灰样缩分至 1.0 kg，装入两只取样瓶内进行密封，并标上样品名称、编号、取样日期、取样点、被测锅炉型号，签上取样人姓名。一份供分析化验，一份供测试组保存备查。

（3）对于烟道直径大于 300 mm 的锅炉或有多级除尘器的，需用烟尘采样仪或飞灰采样仪。

①使用烟尘采样仪或飞灰采样仪时需注意以下事项：采样点需在除尘器前的直管道上，采样点前需保持 $6D$ 的直管道，采样点后需保持 $3D$ 的直管道（D 为管道直径）；需采用网格法进行采样。

②网格法的原则是将被测截面按等面积进行划分，把整个被测截面分成若干个等面积的截面，然后对每个截面进行测量或采样。

③试验结束后，把所有取的飞灰样混合在一起，装入两只取样瓶内进行密封，并标上样品名称、编号、取样日期、取样点、被测锅炉型号，签上取样人姓名。一份供分析化验，一份供测试组保存备查。

2.3.10 流量的测量

2.3.10.1 给水流量的测量

(1)给水流量一般用流量计,也可用经标定过的水箱测量。

(2)根据锅炉的容量及流量计的使用范围,选择测量仪表。小型锅炉宜选用涡轮流量计、电磁流量计和经标定过的水箱;容量大于等于 20 t/h 的锅炉可选用超声波流量计。

(3)测点的位置首先应符合仪表的安装要求,其次应选择容易安装的地方。

(4)流量计应尽量与给水温度和压力测点安装在同一个区域。

(5)测量数据应每 15 min 记录 1 次。最终值以累计方法确定。

(6)测量给水流量时,应同时检查整个给水系统和锅炉排污管是否有泄漏。如有,应排除。

2.3.10.2 水箱的标定

(1)当使用水箱作为给水流量的计量器具时,应对水箱进行标定。

(2)水箱标定的方法。

①取水箱的上、中、下及随机共 4 个点。

②在每个点的地方取一定的水量(视水箱大小而定,液位下降高度可易于计量),用标准量具或磅秤进行计量。

③读取出 30~50 kg 水时水箱液位的下降高度,计算出水的体积或质量。

④用计算数据和水箱的数据进行比较。

⑤如经过比较,每个点的误差均在 0.5% 内,则水箱可作为计量水箱使用,否则不可用。

⑥需按密度把水的体积换算成水的质量。

(3)使用水箱进行计量时,水箱的最小容积应为一个试验工况用水量的 1.5 倍。如水箱容积达不到此要求,需在水箱上面安放一个计量水箱,用于测量补充水量。

2.3.10.3 水位表的标记方法

(1)用测量给水流量的方法来确定锅炉出力时,在试验开始、结束时应对水位进行标记。

(2)由试验负责人下达试验开始的口令,2 位测试工作人员应同时对流量计清零和对水位计作标记。

(3)当在对水位表上作一个标记时,如锅炉给水是间断给水,一般此时给水表的工作状态是处于停顿状态。

(4)试验结束时,由负责作水位标记的试验人员看水位。当水位回到标记位置时,读水位的试验人员下达给水流量计量结束口令。另一试验人员记下流量计的最后累计数据和时间。

2.3.10.4 过热蒸汽流量测量

(1)过热蒸汽流量测量仪表的安装应符合仪表使用说明书的安装要求。

(2)过热蒸汽流量可选用涡街流量计和孔板流量计,也可用在线流量计测量。

(3)测量时,如锅炉有自用蒸汽,应予扣除。

（4）测量数据应每 15 min 记录 1 次。最终值以累计方法确定，计算出最终流量每小时的平均值。

2.3.10.5　循环水（导热油）流量测量

（1）循环水（导热油）流量测量仪表的安装应符合仪表使用说明书的安装要求。

（2）循环水（导热油）流量测量仪表可选用超声波流量计、涡街流量计和电磁流量计（导热油不可选用），也可使用在线测量仪器测量。

（3）测量数据应每 15 min 记录 1 次。最终值以累计方法确定，计算出最终流量每小时的平均值。

2.3.10.6　排污水流量测量

对过热蒸汽锅炉，当必须排污时，需测量锅炉的排污量。安装排污流量计的，可直接进行测量；没有排污流量计的，计量方法如下：

（1）用热交换器把排污水的温度冷却到 50 ℃左右。

（2）把经冷却的排污水盛入容器中。

（3）用计量容器或镑秤测量排污水流量。最终值以累计方法确定，计算出最终流量每小时的平均值。

2.3.10.7　进风量和烟气量测量

对锅炉节能效果开展评估，进行锅炉能效详细测试，有时需测量锅炉的进风量和烟气量。测量方法如下：

（1）测点需开设在管道的直管道上，测点前保持 $6D$ 的直管道，测点后保持 $3D$ 的直管道。

（2）锅炉的进风量和烟气量一般采用毕托管流量计进行测量。

（3）测量按网格法进行。

（4）测量的数据为流量的瞬时值。

2.3.11　温度的测量

2.3.11.1　过热蒸汽温度测量

（1）测点位置一般开设在主蒸汽管上。

（2）测温仪表（一次仪表）可选用热电阻温度计或热电偶温度计。温度计插入深度为管道直径的1/3~2/3 处。

（3）显示仪表（二次仪表）可选用数字式温度显示仪。

（4）用热电阻温度计时，中间的信号输送线按三线制进行连接；用热电偶温度计时，中间的信号输送线选型号相匹配的补偿导线进行连接。

（5）也可使用在线的测量仪表。

（6）测量数据应每 15 min 记录 1 次，最终值以平均方法确定。

2.3.11.2　蒸汽锅炉给水温度测量

（1）测点位置一般开设在给水管道上或直接插入水箱的给水中。温度计插入深度为管道直径的 1/3~2/3 处。

（2）测温仪表（一次仪表）一般可选用热电阻温度计；显示仪表（二次仪表）选用数字

式温度显示仪；中间的信号输送线按三线制进行连接。测温仪表也可选用水银温度计。

(3)测量数据应每 5 min 记录 1 次。最终值以平均方法确定。

2.3.11.3 **热水锅炉进、出水温度(热载体炉进、出油温度)测量**

(1)热水锅炉进、出水温度(热载体炉进、出油温度)测量测点分别开设在锅炉的进出水(油)的管道上，且离锅炉越近越好。温度计插入深度为管道直径的 1/3~2/3 处。

(2)测温仪表(一次仪表)应选用热电阻温度计；显示仪表(二次仪表)选用数字式温度显示仪，其读数分辨率为 0.1 ℃；中间的信号输送线按三线制进行连接。

(3)测量数据应每 5 min 记录 1 次。最终值以平均方法确定。

2.3.11.4 **盲管的开设**

在测量承压管道内工质温度时，一般需开设盲管来安装温度计。盲管的材质宜与管道材质相同；直径根据温度计的尺寸而定，一般在 15~30 cm；插入深度为管道直径的 1/3~2/3 处。

盲管应开设在有代表性的位置，与管道中工质流进方向成 90°角插入管道中。当温度计装入盲管时，需在盲管中灌入导热介质。导热介质在测量低温(低于 150 ℃)工质时用变压器油或导热油，在测量高温工质时用铜粉末。

2.3.11.5 **进风温度测量**

(1)测温仪表一般安装在锅炉鼓风机的进风口处。大型锅炉也可安装在进风风道上。

(2)测温仪表(一次仪表)一般可选用热电阻温度计；显示仪表(二次仪表)选用数字式温度显示仪；中间的信号输送线按三线制进行连接。测温仪表也可选用水银温度计。

(3)测量数据应每 15 min 记录 1 次，最终值以平均方法确定。

2.3.11.6 **排烟温度测量**

(1)测点应开设在烟道截面上介质温度比较均匀的地方，并在最后一节受热面 1 m 内的烟道上。

(2)测温仪表(一次仪表)一般可选用热电阻温度计，也可用热电偶温度计；显示仪表(二次仪表)选用数字式温度显示仪。用热电阻温度计时，中间的信号输送线按三线制进行连接；用热电偶温度计时，中间的信号输送线选型号相匹配的补偿导线进行连接。

(3)安装温度计时要注意，温度计插入为烟道直径的 1/3~2/3 处，烟气不得有泄漏。

(4)当锅炉容量大于等于 20 t/h(14 MW)时，应进行多点测量。测点可在同一截面上布置 2~3 个。若开设 2 个测点，应分别开设在截面中心线上的 1/3 和 2/3 处；若开设 3 个测点，应分别开设在截面中心线上的 1/4、1/2 和 3/4 处；然后取其算术平均值，作为此次测量的排烟温度。

(5)当锅炉排烟有 2 根烟道时，应同时对 2 根烟道中的排烟温度进行测量，然后根据流进该烟道的烟气量加权取平均值，作为此次测量的排烟温度。

(6)对大型锅炉可采用网格法进行排烟温度测量。网格法测量方法见本章 2.3.9.6“飞灰取样”。

(7)数据应每 15 min 记录 1 次，最终值以平均方法确定。

2.3.11.7　炉渣(冷灰)温度测量

(1)炉渣的温度一般用热电偶温度计。

(2)热电偶温度计测量炉渣温度时,插入炉渣堆的深度不得少于0.5 m,每次测试2~3个点。

(3)宜根据每次炉渣的重量,对每次炉渣温度测试数据加权取平均值,作为测试的最终值。

(4)当锅炉使用冷渣机时,如冷渣机的冷却水进锅炉,则测量经冷却后的炉渣温度;冷渣机的冷却水不进锅炉,则测量未经冷却的炉渣温度。

(5)当炉渣温度无法测量时,流化床锅炉可读取炉膛中沸下温度(流化床锅炉炉膛沸腾段下面的温度)作为冷灰温度,也可直接选取800 ℃;链条锅炉可直接选取600 ℃。

2.3.11.8　漏煤和烟道灰温度测量

(1)漏煤温度可直接测量,测量方法与炉渣(灰渣)测量方法相同,其温度计宜用热电阻温度计,也可直接选取50 ℃。

(2)烟道灰温度可直接测量,测量方法与炉渣(灰渣)测量方法相同。

2.3.12　烟气成分的测量

2.3.12.1　烟气成分测量点开设

(1)测点应开设在烟道截面上介质比较均匀,测点前约10 cm的烟道上。

(2)烟气取样管所用材料应保证在工作温度下不与烟气中的化学成分起反应。一般使用铜管或不锈钢管。取样管的直径一般为8~12 mm。

2.3.12.2　烟气分析仪测量烟气方法

(1)打开烟气分析仪进行自校。当分析仪显示氧含量为21%(体积分数)、其余烟气成分均为0时,表示自校已完成。

(2)选择分析的项目。

(3)接上取样管与分析仪表的连接软管进行测试。

(4)把取样管插入取样孔内。用软抹布把测孔堵住,必要时用高温耦合剂涂在测孔上的间隙处防止漏气。

(5)当读数达到稳定值时,即为被测值。

2.3.12.3　奥氏仪测量烟气方法

(1)第一个吸收瓶(最靠近进气管的)内充以吸收RO_2的溶液,其配置方法为100 g的化学纯的氢氧化钾溶于200 mL的蒸馏水中。第二个瓶内充以吸收O_2的溶液,其配置方法为25 g焦性没食子酸、75 g化学纯的氢氧化钾溶于200 mL的蒸馏水中。

(2)吸收O_2的试剂倒入缓冲瓶后,须在试剂上加入2 mL轻质油,防止试剂吸收空气中的O_2。

(3)在平衡瓶内液体采用饱和食盐水,另加入8~10滴甲基橙溶液,便于显示读数,食盐水体积为平衡瓶容积的80%左右。

(4)测量管与套管间应充满水,这样可保证烟气在相同温度下进行测量,以排除由于温度变化而引起的体积误差。

(5)取样管安装时,用软抹布把测孔堵住,必要时用高温耦合剂涂在测孔上的间隙处防止漏气,用胶管把取样管和奥氏仪连接起来。分析前,应检查整个奥氏仪测量系统是否漏气。如有,应及时排除,否则会影响测量的准确性。

(6)测试时,动作不能太快,以免造成气孔,使气体从缓冲瓶内逸出。先吸收 RO_2 气体,后吸收气体 O_2,每个吸收瓶吸收 6~8 次气体,记录下测量管液位的读数。

(7)注意吸收试剂吸收能力的变化,避免失效。

2.3.12.4 测量注意事项

(1)取样点一般开设在烟道的直道上。

(2)取样管需插入烟道截面内 1/3 以上。如烟气分析仪自配的取样枪达不到插入深度要求,需用另外符合要求的取样管插入烟道,中间用软管连接。

(3)烟道截面面积较大时,可用笛型取样管或用网格法。网格法测量方法见本章 2.3.9.6“飞灰取样”。

(4)测量高温烟气时,不可以用抹布和高温耦合剂堵塞测孔,应用石棉丝作为堵塞材料。

(5)在测试过程中,应安装过滤装置,防止烟灰堵塞烟气分析仪。

(6)应每 15 min 测量 1 次。最终值以平均方法确定。

2.3.13 饱和蒸汽湿度和过热蒸汽含盐量的测量

2.3.13.1 取样系统

取样系统由取样管、管道、调节阀、冷却器和冷却水管道组成。取样管和管道的材质以铜为宜,也可用不锈钢管。

取样管作用就是把样品从锅炉中引导出来。管道的作用是把取样管和冷却器连接起来。调节阀有两个作用,一个是调节取样量,另一个是作为测试完成后不取样时的开关阀门。冷却器是把样品冷却下来的换热设备。冷却水管道的作用是把冷却水输入冷却器内。

2.3.13.2 蒸汽取样头的开设

蒸汽取样头需开设在主蒸汽管上,取样管安装在垂直管道上为好。取样管开孔一定需对准蒸汽流向。

2.3.13.3 蒸汽取样

锅炉蒸汽取样需采用等速取样。在蒸汽管道中无论是饱和蒸汽还是过热蒸汽,都是双相流体,在蒸汽管道的蒸汽流体中存在着液体或固体。如果取样速度低于蒸汽流速,由于惯性作用,蒸汽中的液体或固体会从取样口吸入,导致测试数据偏大;反之则偏小。因此,为了在测试过程中避免这种情况出现,规定了等速取样。

2.3.13.4 锅水取样

锅水取样的位置必须在具有代表锅水浓度的管道上,一般从锅炉的表面排污管或水位表的排污管上引出。

2.3.13.5 蒸汽和锅水取样的注意事项

(1)蒸汽和锅水样品宜冷却到 20~40 ℃,并使二者在相同温度下进行测量。

(2)蒸汽和锅水样品应保持常流,并加以计量。

(3)在整个测试期间,应定期同时对锅水和蒸汽进行取样。

(4)蒸汽取样管的调节阀调至计算的取样流量,其二者偏差不宜超过±10%。

(5)盛取蒸汽冷凝水的容器应是塑料制成的,盛取锅水冷却水的容器也可用硬质玻璃制成。

(6)每次取样间隔时间为 30 min。

2.3.13.6　饱和蒸汽湿度的测量

饱和蒸汽湿度每 30 min 测量 1 次,最终值以平均值来确定。对饱和蒸汽湿度的测量一般采用三种办法。

1.氯根法

在中性(pH≈7)溶液中,氯化物与硝酸银作用生成白色氯化银沉淀,过量的硝酸银与铬酸钾作用生成红色铬酸银沉淀,使溶液显橙色,即为滴定终点。滴入的硝酸银量可以表示出溶液中的氯化物含量。

用氯根法测得的蒸汽凝结水和锅水氯根含量之比的百分数称为饱和蒸汽湿度。

(1)测量步骤如下:

①取 5 g 硝酸银溶于 1 000 mL 蒸馏水中,配制成硝酸银标准溶液。

②量取 100 mL 蒸汽冷凝水样品于锥形瓶中。

③加 2~3 滴 1%酚酞指示剂,若显红色,即用 0.1 mol/L 的硝酸溶液中和至无色;若不显红色,则用 0.1 mol/L 的氢氧化钠溶液中和至微红色,然后以 0.1 mol/L 的硝酸溶液滴回至无色。

④再加入 2~3 滴 10%铬酸钾指示剂于被测蒸汽冷凝水样品中。此时,被测蒸汽冷凝水样品呈黄色。

⑤用硝酸银标准溶液(1 mL 相当于 1 mg 氯离子)滴定至橙色,记录硝酸银标准溶液的消耗体积,即被测冷凝水样品氯根(Cl^-)的含量。

⑥锅水测量步骤与蒸汽冷凝水测量步骤相同,记录被测锅水水样氯根(Cl^-)的含量。

(2)在测量锅水时需注意以下几点:

①如锅水比较浑浊,需用滤纸进行过滤。

②锅水取样量应与冷凝水取样量相等;如不相等,应折算成相等容量的硝酸银消耗量。

③计算饱和蒸汽湿度。

2.电导率法

由于纯水和蒸汽不导电,能导电的是锅水中溶解的导电物质,电导率法就是分别测出锅水中的电导率和蒸汽带水部分的电导率,然后计算出蒸汽的湿度。

用电导率仪测量蒸汽湿度,是目前最常用的方法。在使用电导率法过程中,应该注意以下几个方面。

(1)在测试过程中,应保持蒸汽冷凝水和锅水冷却水温度一致。这是由于电导率和温度有关系。因此,只有在相同温度下测得的蒸汽和锅水电导率才能进行比较得出蒸汽的湿度。在测试中,如果二者的温度不一致,需把二者放在同一冷却系统进行冷却,如放在流动的空气中，使其自然冷却，或者使用带温度补偿的电导率仪进行温度修正。

(2) 蒸汽取样和锅水取样应在同一时间，由于锅水在不断蒸发，其电导率在慢慢升高。只有二者同时取样，才能准确测得蒸汽湿度。

(3) 在测试中，如果采用同一个电导率仪分别测试蒸汽的冷凝水和锅水的冷却水，应先测蒸汽冷凝水的电导率，然后再测锅水的电导率，这样能保证锅水残液不会污染蒸汽冷凝水。具体步骤如下：

①先用蒸汽冷凝水冲洗电导率仪的电极 3~4 次。

②测试蒸汽冷凝水的电导率。

③用锅水冲洗电导率仪的电极 1~2 次。

④测试锅水中的电导率。

⑤用蒸汽冷凝水反复冲洗电导率仪的电极 5~6 次。

⑥把电导率电极晾干，以备下次使用。

3.钠度计法

用钠度计分别测量蒸汽冷凝水和锅水中的 Na^+ 含量，然后计算出饱和蒸汽湿度。

钠度计测试方法与电导率仪测试基本相同。在测试过程应注意以下三个问题：

(1) 钠度计的电极测试前需要用无钠水浸泡和清洗。

(2) 钠度计使用前用 NaCl 标准溶液进行定位。一般用 PNa_2 和 PNa_4 作为定位溶液。

(3) 盛取蒸汽冷凝水的容器必须是塑料的(或无钠玻璃杯)。

2.3.13.7　过热蒸汽含盐量的测量

测量过热蒸汽含盐量用钠度计测出过热蒸汽冷凝水的含盐量即可。其方法与钠度计法相同。每 30 min 取 1 次样，并测量，最终值以平均值来确定。

2.3.14　压力的测量

(1) 压力测量仪表安装应符合仪表使用说明书的安装要求，测点的位置应能正确反映被测值。蒸汽压力测量点不能开设在分汽缸处。

(2) 压力测量仪表一般用弹簧式压力表，也可选用在线的压力表或压力传感器和配套二次仪表。

(3) 测量数据应每 15 min 记录 1 次，最终值以平均方法确定。

2.4　测量仪表

2.4.1　温度测量仪表

2.4.1.1　水银温度计

1.水银温度计工作原理

玻璃水银温度计由装水银的测温包、毛细管和标尺组成。其原理是利用水银受热后体积膨胀、冷却后体积收缩的性质制成的膨胀式温度计。

2.水银温度计工作特点

(1)测量范围窄。

(2)测量精度相对较低。

(3)被测数据不能远传。

(4)常用来测量低温的参数。

2.4.1.2　热电偶

1.热电偶工作原理

两种不同成分的导体(称为热电偶丝材或热电极)两端连接闭合成回路。热电偶当两个接合点的温度不同时,在回路中就会产生温差电现象,这种现象称为热电效应,产生的电动势称为热电势。热电偶就是利用这种原理进行温度测量的,其中直接用于测量介质温度的一端叫作工作端(也称为测量端),另一端叫作冷端(也称为补偿端);冷端与显示仪表或配套仪表连接,显示仪表会指出热电偶所产生的热电势。

2.分度表与允差

常用热电偶可分为标准热电偶和非标准热电偶两大类。所谓标准热电偶,是指国家标准规定了其热电势与温度的关系、允许误差,并有统一的标准分度表的热电偶,它有与其配套的显示仪表可供选用。非标准热电偶在使用范围或数量级上均不及标准热电偶,一般也没有统一的分度表,主要用于某些特殊场合的测量。对于标准热电偶,我国从 1988 年 1 月 1 日起,热电偶和热电阻全部按 IEC 国际标准生产,并指定 S、B、E、K、R、J、T 七种标准热电偶为统一设计型热电偶。

热电偶制造允差分为 1 级、2 级、3 级三个级别。

3.补偿导线

由于热电偶的材料一般都比较贵重(特别是采用贵金属时),热电偶测温点到二次仪表的距离都很远,为了节省热电偶材料,降低成本,通常采用补偿导线把热电偶的冷端(补偿端)延伸到温度比较稳定的控制室内,接到二次仪表端子上。必须指出的是,热电偶补偿导线的作用只起延伸热电极,使热电偶的冷端移动到控制室的仪表端子上,它本身并不能消除冷端温度变化对测温的影响。在使用热电偶补偿导线时,必须注意型号相配,极性不能接错,补偿导线与热电偶连接端的温度差不能超过 100 ℃。

4.冷端补偿

由于在测量过程中一般冷端的温度不可能是 0 ℃,因此还需采用其他修正方法来补偿冷端温度 0 ℃时对测温的影响。

2.4.1.3　热电阻

1.热电阻工作原理

热电阻是中低温区最常用的一种温度检测仪器。它的主要特点是测量精度高、性能稳定。其中铂热电阻的测量精确度是最高的,它不仅广泛应用于工业测温,而且被制成标准的基准仪。

热电阻的测温原理是基于导体或半导体的电阻值随温度变化而变化这一特性来测量温度及与温度有关的参数。热电阻大都由纯金属材料制成,目前应用最多的是铂和铜,现在已开始采用镍、锰和铑等材料制造热电阻。热电阻通常需要把电阻信号通过引线传递到计算机控制装置或者其他二次显示仪表上。

2.分度表与允差

目前应用最广泛的热电阻材料是铂和铜。铂电阻精度高,适用于中性和氧化性介质,稳定性好,具有一定的非线性,温度越高电阻变化率越小;铜电阻在测温范围内电阻值和温度呈线性关系,适用于无腐蚀介质,超过 150 ℃易被氧化。

3.热电阻信号连接

热电阻是把温度变化转换为电阻值变化的一次元件,通常需要把电阻信号通过引线传递到计算机控制装置或者其他二次显示仪表上。工业用热电阻安装在生产现场,与控制室之间存在一定的距离,因此热电阻的引线对测量结果会有较大的影响。

目前热电阻的引线主要有以下三种方式:

(1)二线制。在热电阻的两端各连接一根导线来引出电阻信号的方式叫二线制。这种引线方法很简单,但由于连接导线必然存在引线电阻 r,r 大小与导线的材质和长度等因素有关,因此这种引线方式只适用于测量精度较低的场合。

(2)三线制。在热电阻的一端连接一根引线,另一端连接两根引线的方式称为三线制,这种方式通常与电桥配套使用,可以较好地消除引线电阻的影响,是工业过程控制中最常用的。

(3)四线制。在热电阻的两端各连接两根导线的方式称为四线制,其中两根引线为热电阻提供恒定电流,把尺转换成电压信号,再通过另两根引线引至二次仪表。这种引线方式可完全消除引线电阻的影响,主要用于高精度的温度检测和对热电阻的检定。

在能效测试时,热电阻采用三线制接法。采用三线制是为了消除连接导线电阻引起的测量误差。这是因为测量热电阻的电路一般是不平衡电桥。热电阻作为电桥的一个桥臂电阻,其连接导线(从热电阻到中控室)也成为桥臂电阻的一部分,这一部分电阻是未知的且随环境温度而变化,造成测量误差。采用三线制,将一根导线接到电桥的电源端,其余两根分别接到热电阻所在的桥臂及与其相邻的桥臂上,这样就消除了导线线路电阻带来的测量误差。

2.4.2 压力测量仪表

压力测量仪表按工作原理分为液柱式、弹性式、负荷式、电测式等类型。液柱式压力计是以一定高度的液柱所产生的压力,与被测压力相平衡的原理测量压力的;弹性式压力测量仪表则是利用各种不同形状的弹性元件,在压力下产生变形的原理制成的压力测量仪表,可分为弹簧管压力表、膜片压力表、膜盒压力表和波纹管压力表等;负荷式压力测量仪表直接按压力的定义制作而成;电测式压力测量仪表是利用金属或半导体的物理特性,直接将压力转换为电压、电流信号或频率信号输出,或是通过电阻应变片等,将弹性体的形变转换为电压、电流信号输出;压力传感器是利用半导体材料硅在受压后,电阻率改变与所受压力有一定关系的原理制作的。

2.4.2.1 液柱式压力计

液柱式压力计大多是一根直的或弯成 U 形的玻璃管,其中充以工作液体。常用的工作液体为蒸馏水、水银和酒精。因玻璃管强度不高,并受读数限制,因此所测压力一般不超过 0.3 MPa。液柱式压力计的特点是灵敏度高,因此主要用作实验室中的低压基准仪表,以校验工作用压力测量仪表。由于工作液体的重度在环境温度、重力加速度改变时会发生变化,所以对测量结果常需要进行温度和重力加速度等方面的修正。

2.4.2.2　弹性式压力计

弹性式压力计的特点是结构简单、结实耐用、测量范围宽,是压力测量仪表中应用最多的一种。锅炉上安装的压力表一般有普通弹簧管压力表和电节点弹簧管压力表。电节点压力表与普通压力表的区别只是在压力表的指针上设置控制最高压力值的装置。当压力升高时,压力表指针带动限定指针运动接触到最高限制压力点,开关闭合,电路连通,发出警示信号,提醒操作人员注意。弹性式压力表的精度等级分为 1.0 级、1.6 级、2.5 级、4.0 级。

2.4.2.3　压力传感器

压力传感器是工业实践、仪器仪表控制中最为常用的一种传感器,并广泛应用于各种工业自控环境,涉及水利水电、铁路交通、生产自控、航空航天、军工、石化、油井、电力、船舶、机床、管道等众多行业。

压力传感器的种类繁多,如电阻应变片式压力传感器、半导体应变片式压力传感器、压阻式压力传感器、电感式压力传感器、电容式压力传感器及谐振式压力传感器等。但应用最为广泛的是压阻式压力传感器,它具有极低的价格和较高的精度以及较好的线性特性。下面主要介绍这类传感器。

1.压阻式压力传感器原理与应用

压阻式压力传感器是利用单晶硅材料的压阻效应和集成电路技术制成的传感器。压阻式传感器常用于压力、拉力、压力差和可以转变为力的变化的其他物理量(如液位、加速度、重量、应变、流量、真空度)的测量和控制。

(1)压阻效应。当力作用于硅晶体时,晶体的晶格产生变形,使载流子从一个能谷向另一个能谷散射,引起载流子的迁移率发生变化,扰动了载流子纵向和横向的平均量,从而使硅的电阻率发生变化。这种变化随晶体的取向不同而异,因此硅的压阻效应与晶体的取向有关。硅的压阻效应不同于金属应变计,前者电阻随压力的变化主要取决于电阻率的变化,后者电阻的变化则主要取决于几何尺寸的变化(应变),而且前者的灵敏度比后者大 50~100 倍。

(2)压阻式压力传感器的优点是频率响应高;体积小,耗电少;灵敏度高、精度高,可测量到 0.1%的精确度;无运动部件(敏感元件与转换元件一体)。

(3)压阻式压力传感器的缺点是温度特性差、工艺复杂。

2.蓝宝石压力传感器原理与应用

利用应变电阻式压力传感器的工作原理,采用硅-蓝宝石作为半导体敏感元件,具有无与伦比的测量特性。

蓝宝石由单晶体绝缘体元素组成,不会发生滞后、疲劳和蠕变现象。蓝宝石比硅要坚固,硬度更高,不怕形变。蓝宝石有着非常好的弹性和绝缘特性。因此,利用硅-蓝宝石制造的半导体敏感元件,对温度变化不敏感,即使在高温条件下,也有着很好的工作特性;蓝宝石的抗辐射特性极强。另外,硅-蓝宝石半导体敏感元件,无漂移,被焊接在钛合金测量膜片上。当被测压力传送到接收膜片上(接收膜片与测量膜片之间用拉杆坚固地连接在一起)时,在压力的作用下,钛合金接收膜片产生形变,该形变被硅-蓝宝石敏感元件感知后,其电桥输出会发生变化,变化的幅度与被测压力成正比。

传感器的电路能够保证应变电桥电路的供电,并将应变电桥的失衡信号转换为统一的电信号输出(4~20 mA 或 0~5 V)。在测量绝压压力传感器和变送器中,蓝宝石薄片与陶瓷基极玻璃焊料连接在一起,起到了弹性元件的作用,将被测压力转换为应变片的形变,从而达到压力测量的目的。

2.4.3　流量测量仪表

流量测量是能效测量中的一个重要内容。流体的流量是指在短暂时间内流过某一流通截面的流体数量与通过时间之比,该时间足够短,以致可认为在此期间的流动是稳定的。此流量又称瞬时流量。流体数量以体积表示称为体积流量,流体数量以质量表示称为质量流量。在某段时间内流体通过的体积或质量总量称为累积流量或流过总量,它是体积流量或质量流量在该段时间中的积分。

流量测量方法大致可以归纳为以下几类:

(1)利用标准小容积来连续测量流量的容积式测量,典型的有齿轮型流量计、腰轮流量计、刮板流量计和旋转活塞式容积流量计。

(2)通过直接测量流体流速来得出流量的速度式流量测量法,典型的有涡轮流量计、涡街流量计、电磁流量计和超声波流量计。

(3)通过测量流体差压信号来反映流量的差压式流量测量法,典型的有毕托管和孔板流量计。

(4)以测量流体质量为目的的质量流量测量法,典型的有科氏力原理的质量流量计。

2.4.3.1　容积式流量测量

容积式流量计测量的精确度与流体的密度无关,不受上游流动状态的影响,测量精度较高,可用于高黏度流体,并直接得到流体累积量。因此,长期以来被广泛应用于工业生产并作为流量测量的标准仪表。

其工作原理是:流体通过流量计时,会在流量计进出口之间产生一定的压力差,流量计的转动部件(转子)在压差作用下旋转,并将流体由入口排向出口。在此过程中,流体不断地充满流量计的计量空间,然后又不断地被送往出口。在给定流量计条件下,该流量计的计量空间是确定的,只要测得转子的转动次数,就可以得到通过流量计的流体体积的累计值。

1.齿轮型流量计

这种流量计的壳体内装有两个转子,直接或间接地相互啮合,通过齿轮的旋转,不断地将充满齿轮与壳体之间的流体排出,通过测量齿轮转动次数,即可得到单位时间通过的流体的体积。

另一种齿轮型流量计是腰轮流量计,也称罗茨流量计。其测量部分由一对表面光滑的“8”字形转子(腰轮)和测量室组成。其工作原理和椭圆齿轮流量计相同,不同的是两个腰轮不是直接相互啮合传动,而是由固定在腰轮轴上的齿轮传动的。

上述两种容积流量计可用于各种液体流量测量,尤其用于油流量的准确测量。由于椭圆齿轮容积流量计直接依靠测量轮啮合,因此对介质的清洁度要求较高,不允许有固体颗粒杂质通过流量计。

2.刮板流量计

常见的凸轮式刮板流量计壳体的内腔是一圆形空筒,转子是一个空心薄壁圆筒,筒壁径向开了4个槽,互成90°,刮板可以在槽内自由滑动。4块刮板由两根连杆连接,相互垂直,在空间交叉,互不干扰。刮板的一端各装有一个小滚珠,4个小滚珠都在一固定不动的凸轮上滚动,使刮板时伸时缩。当相邻两刮板均伸出至壳体内壁时,就形成一标准体积的计量空间。刮板在计量区段运动时,只随转子旋转而不滑动,当离开计量区段时,刮板缩入槽内,流体从出口排出。同时,后一刮板又与其另一相邻刮板形成第二个计量区间,转子旋转一周,排出4份固定体积的流体,由转子的转数就可以求得被测流体的流量。

3.旋转活塞式容积流量计

旋转活塞位于固定的内外圈之间,活塞的轴靠着导辊滚动,中间隔板将流量空间分成两部分,活塞的上缺口和隔板咬合,当活塞依箭头方向运动时,与隔板成直线运动。活塞在进出口流体压力差的作用下,始终与内外圆筒壁紧密接触旋转,交替不断地将活塞与内外圆筒之间的流体排除,通过计算活塞旋转次数可得到流体的流量。

在流量计的选择过程当中,对于高黏度的油类,可考虑采用刮板流量计;对于低黏度的油类及水,可采用椭圆齿轮或腰轮流量计;对于准确度要求不高的场合,也可采用旋转活塞式或刮板式容积流量计。对于气体流量的测量,一般可采用转筒式或旋转活塞式容积流量计。

在流量计的安装过程当中,容积式流量计存在以下特点:

(1)容积式流量计有一个很大的优点,即不需要有较长的前后直管段来形成管内稳定流速分布。这给现场安装带来很大方便。

(2)容积式流量计的动静部件之间间隙很小,为保证测量精度,一般不允许有磨损产生。所以,对介质的清洁度有一定的要求,不能有大量固体微粒进入流量计,因此应在流量计前加装介质过滤装置。

(3)测量含有气泡的介质时,应在流量计前安装气体分离装置,以免影响液体流量的测量准确度。

2.4.3.2 速度式流量测量

速度式流量计对管道内流体的速度分布有一定的要求,流量计前必须有一定长度的直管段,以形成稳定的速度分布。这是速度式流量计的一个共同特点。

1.涡轮流量计

(1)涡轮流量计工作原理。置于流体中的叶轮的旋转角速度与流体流速成正比,通过磁电转换装置将涡轮转速变成电脉冲信号,测得流体流速,从而得到被测流体的瞬时流量和累积流量。

涡轮流量计由变送器和显示仪表两部分组成。涡轮用高导磁材料制成,磁电转换器由线圈和磁钢组成,前置放大器用以放大磁电转换器输出的微弱电信号,以便远距离传送。

涡轮流量计具有以下特点：①准确度高（0.5%～0.1%）；②量程比宽（8～10）；③适应性强，易实现高压测量；④数字信号输出。

（2）涡轮流量计的安装使用。

①涡轮流量计适用于测量低激度、低腐蚀性的液体，不宜测黏度较高的介质流量。

②涡轮流量计一般应安装在水平管道上，要求上游的直管段长度应超过 20*D*（*D* 为管道直径），下游应超过 15*D*。

③要求被测流体洁净，以减小轴承的磨损和防止涡轮被卡住，故应在流量计前加过滤装置。

④前置放大器及信号输送线应可靠接地。

⑤测量液体时，切忌有高速气体引入，必要时应安装消气器。

2.涡街流量计

（1）涡街流量计工作原理。在均匀流动的流体中，垂直地插入一个具有非流线型截面的柱体，称为旋涡发生体。当流体经过旋涡发生体时，则在其两侧会产生旋转方向相反、交替出现的旋涡，这两列平行的旋涡称为“卡门涡街”。稳定的卡门涡街的旋涡脱落频率与流体流速成正比。

旋涡产生的频率受到一定的旋涡空间构造影响，而旋涡的空间结构与旋涡发生体的形状有关。旋涡发生体形状有圆柱、三角柱、T 形柱、四角柱等。通过检测钼电阻丝的电阻变化频率或者压电敏感元件得到旋涡频率，即可知体积流量的大小。

涡街流量计可以测量气体流量，也可以测量液体流量。输出的频率信号与被测流体的流量呈线性关系，且不受流体性质变化的影响，其测量精度较高。但流体在层流状态下部产生旋涡，所以不能用于层流状态。因此，测量下限受到雷诺数的限制，一般希望雷诺数大于 10^4。

（2）涡街流量计的安装。

①由于是速度式测量方法，因此要求流量计前面至少有 15*D*（*D* 为管道直径）、后面要有 5*D* 的直管段；如有两个或多个干扰源，流量计前面至少有 20*D* 的直管段。

②流量计是以流体振动原理工作的，因此安装地点应特别注意避免机械振动，否则将对旋涡的形成产生较大影响，降低精度。

③测量液体时，流量计宜垂直安装，且流体自下而上流动，避免出现非满管道状态。

④被测流体温度大于 200 ℃时，流量计表头应朝下，避免电子元件过热。

3.电磁流量计

（1）电磁流量计工作原理。电磁流量计结构简单、量程宽、反应灵敏、线性好，不受介质的温度、黏度、密度的影响，广泛应用于工业上各种导电液体的测量。但电磁流量计易受外界电磁干扰的影响，而且不能用于测量气体、蒸汽以及含大量气体的液体，由于是速度式流量计，其前后有一定长度直管段的要求。

电磁流量计是基于法拉第电磁感应原理制成的一种流量计。当被测导电流体在磁场中沿垂直磁力线方向流动而切割磁力线时，在对称安装于流通管道两侧的电极上将产生感应电势 *E*，*E* 大小与磁场磁感应强度 *B*、管道内径 *D* 及流速 *M* 成正比，这样就可以测得液体的流速，进而测得液体的流量。

该流量计结构由传感器和转换器两部分组成。传感器主要由测量导管、测量电极、励磁线圈、铁芯、磁轭和壳体组成。转换器将流量信号放大处理，经单片机运算后，可显示流量、累计量，并能输出脉冲、模拟电流等信号，用于流体流量的计量或控制。

电磁流量计的选用主要是变送器的正确选用，转换器只要与之配套就可以了。变送器直径通常选用与管道系统相同的直径。变送器的量程可根据两条原则选择：一是仪表满量程大于预计的最大量程；二是正常流量大于仪表满量程的 50%。电磁流量计对被测流体的压力与温度是有一定限制的。选用时，使用压力必须小于该流量计的规定工作压力。

(2)电磁流量计的安装。

①变送器应避开阳光直射或周围温度过高的地方，防止励磁线圈因环境温度过高，出现不允许的温升导致绝缘性能破坏。

②应远离强磁场设备(如大电机、大变压器和电焊机)。

③安装流量计的管道段，不要有较大的漏电流，而且附近应有良好的接地。

④流量计上游侧应有 5*D* 以上的直管段。

⑤流量计尽可能安装在垂直管道上，如安装在水平管道上，测量电极必须左右安装，防止夹杂的气泡导致两个测量电极间出现短时间绝缘。

4.超声波流量计

超声波在流动的流体中传播时，会载有流体流速的信息。因此，通过对接收到的超声波进行分析计算，就可以检测出流体的流速，从而换算成流量。根据检测的方式，超声波流量计可分为传播速度差法(时差法)、多普勒法等不同类型的超声波流量计。由于是非接触式仪表，适于测量不易接触和观察的流体以及大管径流量。

超声波流量计由超声波换能器、电子线路及流量显示和累积系统三部分组成。超声波发射换能器将电能转换为超声波能量，并将其发射到被测流体中，接收器接收到的超声波信号经电子线路放大并转换为代表流量的电信号，供给显示和积算仪表进行显示和积算。这样就实现了流量的检测和显示。

(1)传播速度差法的原理。传播速度差法的工作原理是由测量超声波脉冲在顺流和逆流传播过程中的速度之差来得到被测流体的流速。根据测量的物理量的不同，可分为时差法、相差法、频差发。

(2)超声波多普勒流量计测量原理。超声波多普勒流量计的测量原理是以物理学中的多普勒效应为基础的，当声源和观察者之间有相对运动时，观察者所感受到的声频率将不同于声源所发出的频率。这个因相对运动而产生的频率变化与两物体的相对速度成正比。

(3)超声波流量计的安装。

①在能效测试过程中测量管道内水或油时，用时差法流量计。

②流量计宜安装在垂直管道上，且流体自下而上流动，避免出现非满管道状态。

③流量计前直管道至少保持在 15*D* 以上，后直管道保持在 5*D*。

④流量计安装处应避免振动和电磁场干扰。

⑤测量高温液体流量时，应选用高温超声波流量计。

2.4.3.3　差压式流量测量

1.毕托管测量流量计

当毕托管插入流体时,设流体某一点的流速为 U。为了测定该点的流速,将毕托管顶端的小孔对准此点,并使毕托管轴线与流向平行。这时,该点的流速被滞止为零,压力由原来的静压 P 上升到滞止压力 P_0。P_0不但包括了原来的静压力 P,而且还包括了由流体动能转化为静压力的部分,此部分静压力称为动压,也即包含了流速的信息,只要从中将原来的静压户减去,就可得到流速值 M。

目前使用的毕托管是一根双层结构的弯成直角的金属小管。在毕托管的头部迎流方向开有一个小孔,称全压孔。在毕托管头部下游某处又开有若干小孔,称静压孔。毕托管所测得的流速是毕托管头部顶端所对的那一点流速。

利用毕托管方法要求测量时间长,计算复杂,尤其是大管径、流速分布不对称时更是如此。所以,一般只能用于稳定工况的试验工作以及大口径流量的标定工作。

2.孔板流量计

(1)孔板流量计工作原理。充满管道的流体流经管内节流件时,流体将局部收缩。由于节流件的阻挡,在节流件前流体产生回流,促使一部分动压头转化为静压头,使静压力略升高。在收缩截面处,因为流速增大,部分位能降转变为动能。根据能量守恒定律,流体的静压力就要降低。并且,由于惯性力的作用,流体在离开节流件之后相当距离处收缩到最小,静压也降低到最低。然后流速又重新扩张到管道的全部截面,静压力重新升高。但由于涡流和摩擦等损失,此压力已不能达到原来的数值,流体的流速愈高,即流量愈大,在载流件前后产生压差也就愈大;反之亦然。所以,测量该压差的数值,就能间接测量流量的数值。

(2)孔板流量计安装。

①孔板流量计圆柱形锐边迎着介质流动方向。

②孔板流量计在管道中的安装应与管道轴线垂直,其偏差不超过±1°,并应同心。

③管道上游保持 20D 直管段,下游保持 10D 直管段。

3.质量流量计

(1)质量流量计工作原理。当介质以一定的速度流经测量管时,振动的测量管会受到科氏力影响,产生形变,从而导致测量管两端产生相位差。

(2)质量流量计工作特点。

①测量时完全不受温度、压力、黏度及流体特性的影响。

②测量精度高,可达到 0.1 级以上。

③应用范围广,可对水、蒸汽、燃料油、润滑油、天然气及压缩气体进行测量。

(3)质量流量计的安装。

①安装不需要特殊的固定支架,仪表的容器型结构能克服外力的影响。

②测量管振动频率高,应确保测量不受管道振动影响。

③只要不产生气蚀现象,测量就能不受阀、弯通、三通等管件的影响,但流量计宜远离大的干扰源。

④如测量管内有空气或夹带气体,会产生测量误差,应避免安装在管道的最高点。

2.4.4　烟气分析仪表

在锅炉能效测试中，烟气分析主要测试项目有 O_2、RO_2（CO_2 和 SO_2）、CO；对燃气锅炉，要分析燃烧效果和燃烧产物，还应测定氢、甲烷或碳氢化合物等可燃气体。烟气成分分析方法很多，有容积分析法、色谱分析法、比色法、冷凝法以及电测法等。根据不同的烟气成分可采用不同方法进行分析。

在烟气分析的过程当中，用来测量烟气中各成分数量的仪器叫作烟气分析仪（有时也叫气体分析仪）。其按照工作原理可分为化学式、物理式两种基本类型。

2.4.4.1　化学式烟气分析仪

1.化学式烟气分析仪分类

化学式烟气分析仪是用适当的吸收剂来吸取混合气体中的个别成分，测量混合气体被分析成分除去以后的体积缩减量。被分析气体的成分可以用吸收法、燃烧法或燃烧后再吸收的方法来除去。化学式烟气分析仪分为以下两种：

（1）人工气体分析仪，典型的有奥氏烟气分析仪。

（2）自动气体分析仪，典型的有电化学传感器式烟气分析仪。

2.电化学传感器的工作原理及主要部件

（1）工作原理电化学传感器的工作原理是，通过与被测气体发生反应并产生与气体浓度成正比的电信号来工作。典型的电化学传感器由传感电极（或工作电极）和反电极组成，并由一个薄电解层隔开。

气体通过微小的毛管型开孔进入传感器，然后是憎水屏障，最终到达电极表面。采用这种方法，可以允许适量气体与传感电极发生反应，以形成充分的电信号，同时防止电解质漏出传感器。

穿过屏障扩散的气体与传感电极发生反应，传感电极可以采用氧化机制或还原机制。这些反应由针对被测气体而设计的电极材料进行催化。

通过电极间连接的电阻器，与被测气体浓度成正比的电流会在正极与负极间流动。测量该电流即可确定气体浓度。由于该过程中会产生电流，电化学传感器又常被称为电流气体传感器或微型燃料电池。

在实际中，由于电极表面连续发生电化反应，传感电极电势并不能保持恒定，在经过一段较长时间后，它会导致传感器性能退化。为改善传感器性能，人们引入了参考电极。

参考电极安装在电解质中，与传感电极邻近。固定的稳定恒电势作用于传感电极，参考电极可以保持传感电极上的这种固定电压值。参考电极间没有电流流动。气体分子与传感电极发生反应，同时测量参考电极，测量结果通常与气体浓度直接相关。

（2）电化学传感器的主要元件。

①透气膜（也称为憎水膜）。透气膜用于覆盖传感（催化）电极，在有些情况下用于控制到达电极表面的气体分子量。此类屏障通常采用低孔隙率特氟隆薄膜制成，这类传感器称为镀膜传感器；用高孔隙率特氟隆膜覆盖，而用毛管控制到达电极表面的气体分子量，此类传感器称为毛管型传感器。除为传感器提供机械性保护外，薄膜还具有滤除不需要的粒子的功能。为传送正确的气体分子量，需要选择正确的薄膜及毛管的孔径尺寸。

孔径尺寸应能够允许足量的气体分子到达传感电极。孔径尺寸还应该防止液态电解质泄漏或迅速燥结。

②电极。选择电极材料很重要。电极材料应该是一种催化材料，能够在长时间内进行半电解反应。通常电极采用贵金属制造，如钼或金，在催化后与气体分子发生有效反应。

③电解质。电解质必须能够促进电解反应，并有效地将离子电荷传送到电极。它还必须与参考电极形成稳定的参考电势，并与传感器内使用的材料兼容。如果电解质蒸发过于迅速，传感器信号会减弱。

④过滤器。有时候传感器前方会安装洗涤式过滤器，以滤除不需要的气体。过滤器的选择范围有限，每种过滤器均有不同的效率度数。多数常用的滤材是活性炭。活性炭可以滤除多数化学物质，但不能滤除一氧化碳。通过选择正确的滤材，电化学传感器对其目标气体可以具有更高的选择性。

(3)压力与温度的影响。

①电化学传感器受压力变化的影响极小。然而，由于传感器内的压差可能损坏传感器，因此整个传感器必须保持相同的压力。电化学传感器对温度也非常敏感，因此通常采取内部温度补偿。但最好尽量保持标准温度。

②一般而言，在温度高于 25 ℃时，传感器读数较高；低于 25 ℃时，传感器读数较低。温度影响通常为每摄氏度 0.5%~1.0%，视制造商和传感器类型而定。

(4)选择性。电化学传感器通常对其目标气体具有较高的选择性。选择性的程度取决于传感器类型、目标气体以及传感器要检测的气体浓度。最好的电化学传感器是检测氧气的传感器，它具有良好的选择性、可靠性和较长的预期寿命。

(5)预期寿命。电化学传感器的预期寿命取决于几个因素，包括要检测的气体和传感器的使用环境条件。一般而言，规定的预期寿命为 1~3 年。在实际中，预期寿命主要取决于传感器使用中所暴露的气体总量以及其他环境条件，如温度、压力和湿度。

电化学传感器式烟气分析仪目前广泛使用在锅炉能效测试工作中。

2.4.4.2　物理式气体分析器

它的工作原理是基于利用混合气体中被测定成分的任一物理性质，如气体的密度、导热率、磁化率、波长等物理性质和混合气体中其余成分的同一物理性质有显著的差异。物理式的气体分析仪就是用各种机械式的、电气式的、磁力式等以及其他利用气体物理性质的气体分析器等。

物理式气体分析仪(电气式、磁力式)是比化学式气体分析仪更为新式的仪表。因此，目前已在热工测试和环保测试中得到应用。

(1)红外和紫外烟气分析仪利用混合气体各成分气体波长的不同，来分析混合气体成分的体积分数。

(2)磁力式自动气体分析仪是利用混合气体各成分磁力性质不同的原理，来分析混合气体成分的体积分数。

(3)电气式自动气体分析仪也属于物理式气体分析仪中的一种，它是基于测量混合气体的导热率的原理，根据混合气体导热率的变化，用电气的方法来测被分析气体的体积分数。

(4)机械式自动气体分析仪是物理式气体分析仪中的一种,它是用比较混合气体中各种成分的重度的原理来进行分析的。

2.4.5　蒸汽品质分析仪表

2.4.5.1　电导率仪

电导率是反映物体传导电流能力的物理量,用 K 表示。电导率测量仪测量原理是将两块平行的极板放到被测溶液中,在极板的两端加上一定的电势(通常为正弦波电压),然后测量极板间流过的电流。在电解质溶液中,带电的离子在电场的影响下产生移动而传递电子,其导电能力以电阻的倒数——电导度 G 表示。

电极常数常选用已知电导率的标准氯化钾溶液来标定。溶液的电导率与其温度、电极上的极化现象、电极分布电容等因素有关,仪器上一般都采用了补偿或消除措施。

2.4.5.2　钠离子浓度计

钠离子浓度计的测量原理是玻璃钠电极、甘汞电极和被测溶液组成一个测量电池,而电池电动势和溶液之间的对应关系符合能斯特方程。

2.4.6　动平衡烟尘采样仪

2.4.6.1　动平衡烟尘采样主要工作目的

(1)测量烟尘的排放浓度。

(2)可以作为飞灰采样器。

(3)当要计算飞灰占灰渣百分比时,可根据测量出的飞尘的浓度来计算飞灰的重量。

2.4.6.2　动平衡烟尘采样仪的工作原理

根据烟尘采样必须是等速采样的原则,即采样气体流经采样嘴的流速与烟气流速相等。由于在整个采样过程中烟道中的烟气会出现波动,为了保证整个采样过程中都是等速采样,需在采样枪旁安装一支毕托管,用来时刻跟踪烟气的动压。动平衡烟尘测试仪的微处理器测控系统根据各种传感器检测到的静压、动压、温度及含湿量等参数,计算出烟气流速、等速跟踪流量。测控系统将该流量与流量传感器检测到的流量相比较,计算相应的控制信号。控制电路调整抽气泵的抽气能力,使实际流量与计算的采样流量相等,达到自动修正采样烟气流速的目的,从而保证在整个采样过程中是等速采样。同时微处理器用检测到的气体流经流量计时温度和压力自动将实际采样体积换算为标准状态下的采集体积。

2.4.6.3　动平衡烟尘采样仪的使用

将烟尘采样枪由烟道采样孔中置入烟道中,将采样嘴置于测点上,正对气流方向。按等速采样要求抽取一定量的含尘烟气,根据滤筒捕集的烟尘重量以及抽取的气体体积,计算颗粒物的排放浓度及排放总量。

第 3 章 影响锅炉能效的因素

在锅炉实际运行过程中,对其能效状况产生影响的因素有很多,且各项热损失与影响因素之间并不是一一对应关系,一个因素可能影响几项锅炉热损失,或者一项热损失受几个因素共同影响且彼此耦合,很难将彼此之间区分开,热损失的影响因素较为复杂。

3.1 锅炉热效率影响因素

3.1.1 排烟热损失的影响因子

影响排烟热损失 q_2 的主要因素是排烟温度与排烟量。排烟温度提高,则 q_2 损失增大,一般排烟温度提高 10~15 ℃,q_2 约增加 1%。降低排烟温度、降低空气过量系数,可以有效地减小排烟热损失。锅炉运行中,受热面上会积灰或结渣,阻碍受热面管子的传热,导致排烟温度升高。因此,使用过程中必须经常吹灰、清渣来保持受热面清洁。

烟气量增大,q_2 损失也增大。影响烟气量的因素除燃料中的水分外,主要是排烟处过量空气系数(炉膛过剩空气系数与各处漏风系数之和)。过量空气系数为燃料在炉膛完全燃烧时所需要的实际空气量和理论空气量的比值,它是影响燃料燃烧效率最关键的因素。过量空气系数大小的确定是由锅炉燃烧的经济性及锅炉结构决定的,系数过大会导致排烟热损失增加,过小则会导致气体及固体不完全燃烧热损失的增加。所以,为了保证锅炉的热效率,应保持合理的过量空气系数,以使 $q_2+q_3+q_4$ 之和最小。在保证燃料充分燃烧的条件下,合适地控制过量空气系数有利于提高燃料燃烧效率,降低排烟损失。还可以减少燃烧过程中所产生的排烟量,减少锅炉漏风系数,维持炉膛燃烧稳定,节省烟风系统的能耗。在保证燃烧的情况下,维持合理的过量空气系数,会带来明显的经济效益与社会效益。

3.1.2 气体未完全燃烧热损失影响因子

影响气体未完全燃烧热损失 q_3 的主要因素是燃料挥发分、过量空气系数、炉膛温度和炉内燃料与空气混合流动工况等。减少气体未完全燃烧热损失的方法,应注意一、二次风的配比,保持炉膛火焰充满度,使燃料与空气混合(接触)充分,供给可燃气体足够的氧气,保持适当的过量空气系数。锅炉燃烧时炉膛温度不能过低,否则会影响 CO 的燃尽(当炉膛温度低于 800 ℃时,CO 很难燃烧)。

3.1.3 固体不完全燃烧热损失影响因子

影响固体不完全燃烧热损失 q_4 的主要因素有燃料特性、燃烧方式、锅炉结构、锅炉负荷、锅炉运行水平、炉膛温度、燃料在炉内停留时间和与空气的混合情况等。

3.1.3.1　燃料固有属性对 q_4 的影响

燃料的灰分越高,灰分熔点越低,煤的挥发分低、结焦性越强,都会导致炉渣热损失增大;燃料的水分少、结焦性弱而且细小粉末又多时,会导致飞灰热损失增大。

3.1.3.2　锅炉的燃烧方式对 q_4 的影响

炉排结构不合理及炉排片脱落会导致漏煤热损失增大;煤粉锅炉虽然炉膛漏风系数很小,但排烟处飞灰含量大,也会导致飞灰热损失的增大;机械或者风力抛煤机炉比链条炉的飞灰热损失要大。

3.1.3.3　锅炉结构对 q_4 的影响

层燃锅炉炉拱的布置、二次风系统以及炉排通风孔隙大小等因素对燃烧都会造成相应的影响。当炉排的通风孔隙较大并燃用颗粒较细的燃料时,漏煤热损失将会增加;室燃炉炉膛的高度、燃烧器布置的位置、炉膛尺寸形状,都会直接影响烟气的流程及停滞时间。

3.1.3.4　锅炉负荷等对 q_4 的影响

当锅炉运行负荷增大时,燃料消耗量与所需要空气量的增加会导致飞灰热损失的增大。层燃炉的炉排速度、煤层厚度以及各风室的风量分配、煤粉炉运行时的煤粉细度和配风操作等对 q_4 也有影响。过量空气系数太小,q_4 会增加,过量空气系数稍增,q_4 会有所降低。

3.2　锅炉热效率存在的问题

目前锅炉运行热效率低是造成锅炉燃料浪费的直接原因,锅炉运行负荷、排烟温度、排烟处的烟气成分以及炉渣含碳量是影响锅炉热效率的主要因素。当前锅炉存在以下几大问题:

(1)锅炉低负荷运行,降低了锅炉热效率。锅炉最高运行效率多是在 80%~100%负荷下获得的,而锅炉的实际出力只有额定出力的 60%左右,这对锅炉的热效率影响很大。锅炉长期处于低负荷的运行状态,燃料消耗量和通风量都会成比例减少,炉膛温度降低、空气过量系数增加,导致燃料燃烧效率降低,排烟热损失和固体未完全燃烧热损失增加,锅炉运行热效率下降。当锅炉出力只能达到设计的一半时,因炉膛温度达不到设计要求,难以保证燃料的稳定燃烧,所以保证锅炉的出力是提高锅炉运行效率的前提条件。在测试的过程中,有部分企业由于供暖面积的增加,热水锅炉出现超负荷运行现象,这也不利于锅炉的经济运行。

(2)过量空气系数过大,导致锅炉热效率降低。过量空气系数是锅炉经济运行的一项重要指标,国家市场监管总局颁布的节能技术监督管理规程对锅炉过量空气系数做出了严格的要求,并作为锅炉定型产品能效测试的关键要求之一进行严格监控。不同类型的锅炉都有一个合适的过量空气系数,燃煤层燃锅炉一般为 1.65,燃油、燃气锅炉一般为 1.25。

过量空气系数是影响燃料燃烧程度的主要因素,如果空气系数过小,则不能满足燃料的正常燃烧,增大炉渣的可燃物含量,增加固体未完全燃烧热损失,造成大量燃料的浪费。如果空气系数过大,使得大量的冷空气被鼓风机吹进炉膛,在降低炉膛温度的同时也会影响炉内受热面的传热，增加排烟热损失，降低锅炉的运行效率。此外，过大的空气系数还会增加风机的电耗。

造成在用锅炉过量空气系数大的主要原因如下：一是鼓引风机配套不合理，同时没有配备合适的变频设备，锅炉长期处于低负荷的运行状态；二是炉排下部各风室互相串风、风室隔断不严，不能保证送风均匀；三是司炉人员不能根据燃料状况及锅炉负荷合理地调节风量。

(3)炉渣含碳量对锅炉效率的影响。炉渣含碳量过大是由于燃料在炉膛中没有完全燃烧而直接被排出引起的，这是测试中发现锅炉存在的最普遍的问题，也是导致锅炉热效率低下的主要因素之一。固体不完全燃烧热损失在各能量损失中所占的比例最大，可达15%~25%。据统计，炉渣含碳量每增加2.5%，所消耗的燃料就会增加1%。

造成炉渣含碳量高的原因主要是：锅炉结构设计不合理，煤的水分、挥发分和粒度的影响，燃料与燃烧装置不匹配，以及锅炉运行调整不合理。

(4)排烟温度高导致锅炉热效率降低。排烟热损失是锅炉烟气带走燃料产生而从锅炉排出没有被利用的热量。测试发现有部分锅炉排烟温度超出标准的规定值，这对锅炉热效率影响也是较大的。

锅炉排烟处的烟气温度和流量决定了排烟热损失的大小，而烟气流量与过量空气系数密切相关。排烟温度的高低受锅炉受热面的布置以及操作水平的影响，水冷壁、对流管束、烟管等受热面设计布局不合理，或者结垢积灰严重，都会影响热量的传递，使排烟温度升高，增加排烟热损失。据统计，排烟温度每增加10 ℃，燃料消耗量增加1%。排烟温度过低则会引起省煤器等尾部受热面的腐蚀，所以要合理地控制排烟温度。

(5)煤种多变。由我国的燃料政策所决定，我国锅炉只能以燃煤为主，而且有些地区的煤质很差，目前这种情况与国外相差很大，如日本在用的燃煤锅炉仅占锅炉总数的1%，美国和西欧国家也只有2%，俄罗斯燃煤锅炉较多，约占40%。我国锅炉主要是以烟煤为燃料，且各个使用单位采购的煤种经常变化，运行管理人员无法根据煤质的变化情况调整燃烧方式。由于层燃锅炉对煤种的适应性较差，以前的锅炉又大多是按优质煤设计的，这就使得煤种与炉型不适应情况更为严重，有的用户新买的锅炉就得改造，耗费了许多设备投资，效果也未必理想。因此，解决煤种与炉型相适应的问题，保证煤质稳定是锅炉经济运行的前提。

(6)锅炉设备本身在设计过程中存在缺陷和不足。大多数锅炉的燃烧方式是层燃，燃烧设备本身存在较多的缺陷和不足。锅炉制造单位的设计、制造和安装质量不高，有的锅炉结构相对落后，设计不合理、加工质量粗糙，易产生变形、断裂等问题，锅炉不设置对余热回收的装置、漏风严重、本体保温不好、不设吹灰装置等问题，漏煤量偏大也是机械炉排普遍存在的问题。特别是往复炉排，漏煤量往往更多，有些高达10%~20%。影响了锅炉的正常燃烧，降低了锅炉效率。

目前正在使用的锅炉有较大一部分各风室本身封闭不严、漏风严重，风室之间互相串风，有的风室进风量无法调节。因此，通过风室对炉排分布的各个燃烧区域进行合理送风非常困难，同时锅炉的侧墙与炉排之间漏风严重，横向风压分布不均匀，这些问题都会在一定程度上影响炉膛内的正常燃烧。

有些锅炉的本体保温不好,集箱和连通管等部件常常不加保温,有的炉墙温度可达80 ℃。有些小锅炉的炉体根本不加保温,锅炉散热损失就更大。

锅炉受热面积灰影响传热,尾部受热面积灰尤为严重。一些水平烟管往往有积灰堵塞现象,目前锅炉普遍没有装设相应的吹灰装置,使用单位又不能及时采取其他有效措施清除积灰,造成锅炉的传热系数增加,排烟热损失不断升高。

(7)自动化控制水平低,仪表装设不全。目前在用锅炉普遍存在仪表配置不全的问题。由于锅炉没有配备流量计、排烟处氧量表、炉膛负压表、温度表等测量锅炉经济运行的相关装置,同时锅炉操作人员又缺乏必要的化验分析设备,所以多数单位不具备测量循环水量、燃料消耗量、过量空气系数、排烟温度、炉渣含碳量等经济运行参数的能力。因此,相关人员在操作调整锅炉时,由于缺少锅炉运行的直观数据,从而不能准确及时地调整锅炉的运行工况,更无法在锅炉燃烧状态发生改变时及时进行调整,使锅炉保持在最佳运行工况。

目前,锅炉的自动化水平普遍较低,使锅炉运行效率提高受到了限制。即使是机械炉排也不能够完全实现根据炉膛温度及时调整燃烧和煤层厚度。锅炉的燃烧过程复杂多变,运行人员无法使锅炉持续处于稳定状态和较快适应燃烧工况变化状态。难以操作和掌握锅炉经济运行调整。

(8)水质要求不达标。锅炉给水水质不好,会造成锅炉受热面结垢严重。有的锅炉水垢厚度可达3 mm,既影响锅炉受热传热,降低锅炉热效率,同时危及锅炉的安全和经济运行。

有些锅炉使用单位不重视水质管理,为了保证锅炉本体水质较好、较少受热面结垢,常采用加大排污量的做法,有些锅炉甚至排污率会达到25%左右,能源浪费非常严重。

(9)辅机配套偏大且效率低。很多在用蒸汽锅炉的鼓、引风机和给水泵、热水锅炉的循环水泵配套功率偏大。部分锅炉虽然辅机配套合理,但由于锅炉本身处于低负荷的运行状态,使得辅机不能长期保持在高效率的工作状态,还会造成较大的能源浪费。现在使用的水泵与风机,大多不能根据实际的负荷变化进行相应的变频调节,只能依靠挡板、阀门等节流方法来减小流量或者降低压力,这样势必使设备始终处于高消耗、低输出的运行状态,降低辅机运行效率,使锅炉的耗能比例增加。

锅炉辅机配套水平普遍较低。据调查,水泵平均效率接近50%,风机效率接近60%。在锅炉运行热效率不高的基础上,有效地减少辅机的能耗,就等于增大了锅炉净效率。

(10)锅炉操作人员技术水平低。锅炉操作人员大多数没有经过全面、系统的燃烧、循环等基础理论的学习和培训,缺乏对锅炉基础知识、经济运行方面的了解。操作锅炉的过程中不具备观察火焰燃烧状态、辨别炉膛压力,调节风室风量,判断燃烧产物、燃料燃烬程度的能力,对于控制过量空气系数、调整燃烧状态、降低炉渣可燃物含量等经验性常识,选择合理的经济运行状态等规律性的基本知识更是不了解。在目前锅炉仪表配置不全、自动化控制水平低、锅炉设计水平低、煤质与煤层厚度多变的情况下,锅炉操作人员掌握上述锅炉燃烧技术是非常关键的。

3.3 在用锅炉高效运行

(1)保证在用锅炉的运行负荷在合理的范围,根据企业生产情况合理选择锅炉,尽量确保锅炉负荷处于相对经济的运行状态,一般锅炉的运行负荷应该高于额定负荷的80%。

(2)选择煤质时要尽量满足锅炉设计要求,保证燃料特性和燃烧设备相匹配。

(3)减小排烟处过量空气系数,提高燃料的燃烧效率,提高炉膛温度,降低炉渣含碳量,减少固体未完全燃烧热损失,同时,合理调配各风室的送风量,减少风室之间的串风影响;增设鼓、引风机变频装置,确保过量空气系数在合理范围之内。

(4)做好锅炉水处理工作,并定期化验锅炉给水与锅水指标,避免锅炉受热面结垢。由于水垢导热系数低、热阻大,传热性能受到影响,从而造成煤耗增加。

(5)定期清除受热面外部附着的灰垢。灰垢传热系数更小,对传热的负面影响远大于水垢,在锅炉维护保养期间,应定期清理受热面和烟道积灰。

(6)加强锅炉本体及炉墙的密封与保温。锅炉检修时,要选取性能良好的密封、保温材料,否则会增加炉膛漏风系数,就使得空气过量系数加大,影响正常燃烧。

(7)控制排烟处烟气温度。降低排烟温度,是提高锅炉运行效率最有效的途径,对于在用锅炉,可以通过增加节能器等方法来降低排烟温度。

(8)提高锅炉管理水平,增加在线监测仪器仪表。通过有效的监督管理促使锅炉操作人员提高自身素质,提高业务水平,并有能力针对锅炉的具体情况合理操作。

(9)合理控制锅炉排污量,减少排污热损失。在保证锅炉水质合格的前提下,应尽可能减少排污率,避免盲目排污。

(10)增加必要的锅炉监测设备,锅炉管理者可以对锅炉的运行参数进行有效的监测,为锅炉安全以及经济运行提供依据,还可以根据排烟处氧气含量、炉膛负压、炉排转速等检测结果合理地调整锅炉燃烧状况,通过总结操作经验、提出改进意见、合理考核等有效措施提高锅炉运行效率。

(11)加强蒸汽锅炉冷凝水的回收,合理利用排污过程所产生的热量,充分做到锅炉余热回收利用。

(12)对有问题的在用锅炉进行合理的节能改造,采用新的节能技术等方法提高锅炉效率,通过增加分层给煤装置、改进炉膛燃烧环境、增加变频设备、采用炉膛富氧燃烧技术、利用太阳能加热给水等有效措施,都可以达到锅炉节能降耗的目的。

3.4 提高在用锅炉节能的措施

(1)提高锅炉运行负荷。要提高锅炉运行效率,应合理提高锅炉运行负荷,确保锅炉负荷处于经济运行状态。

(2)控制过量空气系数。要通过合理配风与调节、炉排风室要密封减少串风、增设变频器或更换风机等,控制过量空气系数在最佳范围之内。

(3)控制排烟温度。降低排烟温度,是锅炉节能的重要途径。对于在用锅炉,可增加尾部受热面来降低排烟温度。

(4)搞好锅炉给水软化处理,避免或减少受热面结垢。由于水垢导热系数低、热阻大,传热受到影响,煤耗增加。因此,保证受热面不结水垢就提高了锅炉运行效率。一方面,要加强水质处理,保证不结垢;另一方面,万一受热面结垢达到一定程度时,应及时清除。

(5)定期清灰。灰垢传热系数更小,灰垢对传热的影响远大于水垢,运行中应根据受热面、烟道积灰情况定期清除。

(6)加强炉墙、炉体的密封与保温。维修时要选取合理的密封、保温材料。如果保温性能及密封性能差,就会增加散热损失,漏风就使得空气过量系数加大,影响正常燃烧。因此,必须做好密封与保温。

(7)煤质选取应与设计相符或相近。保证燃料燃烧状况对提高锅炉热效率是非常重要的,因此在煤种选择时要尽量符合设计要求。

(8)提高锅炉运行管理及操作水平。据资料介绍,国内有学者认为,无须其他技术措施,仅仅通过改善管理就可以提高效率 5%~10%。同样是一台锅炉,不同的人员操作,调节、控制方法与水平不同,锅炉燃煤的消耗是不一样的,这已被大量事实所证明,如同驾驶汽车一样。所以,应当强化锅炉运行管理及提高操作人员水平。

(9)控制排污率,减少不必要的排污热损失。在保证水质合格的前提下,应尽量降低锅炉的排污率,避免盲目排污。为减少排污热损失,可以增设排污热量的回收装置,如排污扩容器、换热器等。

(10)加强锅炉运行监测。通过对锅炉运行中各个参数和相关指标的监测,确定各项控制指标,为锅炉安全经济运行提供依据。有条件的应实现自动控制,便于随时调整燃料量、风量、水位、汽压、汽温、炉膛温度、排烟温度、过量空气系数等参数,实现锅炉安全、高效运行。

(11)余热利用。如凝结水回收、排污热量的合理利用等。

(12)对在用锅炉进行一些节能改造或增加节能装置。如炉拱改造、分层给煤、燃烧方式与技术改造、辅机改造、变频改造、富氧燃烧等,都可以达到节能降耗的目的。

3.5　锅炉节能的发展趋势

我国锅炉从锅炉型式来说,已经形成了能适应我国国情和满足国内市场需要的较完整的产品规格体系。锅炉本体型式早已成熟,今后锅炉行业的发展,主要是随着燃料情况的变化、环保要求的提高以及科学技术发展,而带来的燃烧方式和燃烧设备的改进、配套辅机附件的提高,以及检测和自动控制水平的完善提高。技术上将迎来一个精耕细作的过程,着眼于从有到优、从整体到细节、从单机到系统、全生命周期的优化提升,着眼于对现有经验的理论提升和实证研究。

从技术及产品发展来看:①能源供应在逐步减少燃煤比重的同时,增加油气特别是燃气的供应,提高可再生能源的比重。对锅炉而言,应重点关注生物质能利用、天然气深度利用和煤的清洁高效利用,其中生物质能和天然气利用将以分布式为重点,煤炭以集中利用为重点;②结合生物质锅炉、余热锅炉、冷凝式燃气锅炉产品主机开发,加强主要配套辅机开发,特别是适合冷凝锅炉的低氮预混燃烧器技术、生物质燃烧系统技术研发与工程化推广;③借助燃料优质化和能源转型的趋势,具有锅炉全生命周期的信息化应用技术的产品将成为企业发展与赢得市场认可的王牌之一。因此,未来锅炉行业将聚焦(工业)锅炉及相关领域节能、环保、新能源利用、信息化融合四大领域,通过研发、转化、集成创新等手段形成一批有较好应用前景的关键新技术、新产品,为我国锅炉行业持续发展提供足够的技术支撑。

3.5.1　煤炭洁净燃烧锅炉一体化系统技术

以燃料优质化为前提,以减排为目标,做好中小容量(≤35 t/h)燃煤锅炉低 NO_x 燃烧和排放控制技术以及系统优化的应用推广。

在严格控制燃料品质的前提下,通过对炉排燃料适应性的定量化、炉排配风均匀化精确化的试验研究,对炉排结构进行优化、标准化,进而提高炉排的综合质量水平;在此基础上,结合锅炉本体的优化设计、高效传热元件和低 NO_x 燃烧技术的运用,提高中小容量(≤35 t/h)层状燃烧锅炉的节能和环保性能及其负荷适应能力。

煤粉锅炉在突破燃料适应性、运行稳定性、粉尘排放、氮氧化物排放的难题后,将会得到发展。但重点应在 10~35 t/h 的煤粉锅炉及系统研发、使用,特别是低氮燃烧技术及系统设备的优化与产业化。

目前水煤浆燃烧有雾化和流化两种燃烧方式,且燃尽率均在 98%以上。锅炉雾化燃烧的技术发展趋势是:水煤浆专用燃烧器技术进步,以更小的耗气率得到更好的水煤浆雾化效果,进一步提高水煤浆的燃尽率。锅炉流化燃烧的技术发展趋势是:以提高锅炉运行可靠性、降低设备造价和进一步开发适合水煤浆流化燃烧的专用锅炉。研发废水、废液水煤浆专用锅炉;水煤浆锅炉低 NO_x 燃烧技术,包括水煤浆锅炉的空气分级燃烧技术;水煤浆锅炉的烟气再循环技术的研发。

在开展燃料适应性(灰分、热值、结焦性等)定量化研究的基础上,提高流化床锅炉设计、运行的精确性和标准化程度;通过精细化制造提高流化床锅炉的可靠性,重点发展单台容量 35~130 t/h、压力≤5.3 MPa 的循环流化床工业蒸汽锅炉。结合流化床燃烧的特点,在试验研究的基础上,开展 35~130 t/h 以下循环流化床低 NO_x 排放的示范研究,采用空气分级与燃料分级耦合方法、烟气再循环、低温(850~870 ℃)及低氧(炉膛出口含氧量 3%~4%)燃烧控制 NO_x 排放,同时开展低硫煤(含硫量≤1%)在 850~870 ℃下炉内脱硫效率研究等,进一步提高流化床锅炉节能环保性能。

3.5.2　生物质锅炉的技术优化

生物质锅炉推广对锅炉清洁燃料替代而言,既是对一段时间内天然气供给相对不足的补充,也是天然气锅炉推广的长期替代者和竞争对手。然而从保证国家能源安全和资源充分利用的角度来看,研究锅炉生物质燃烧技术,开发生物质燃料锅炉特别是生物质成型燃料锅炉,对节约常规能源、优化我国能源结构、减轻环境污染方面具有一定的积极意义。

随着我国能源结构转型,环保要求越来越高,生物质锅炉技术也不断创新,生物质锅炉一方面向着中压、次高压电站锅炉方向发展,另一方面向着以"节能环保"为主题的高效低排放的层燃生物质锅炉、循环流化床生物质锅炉方向发展。生物质锅炉产品的性能设计和使用要求也更为苛刻。我国有丰富的生物质能源资源,但很分散,应该分散使用。本着这一原则,生物质锅炉应基于生物质成型燃料、容量≤30 t/h 为宜,并进行生物质专用锅炉与洁净燃烧技术、燃烧系统设备的开发及推广工作。

3.5.3 燃气锅炉继续向低氮燃烧、冷凝换热与多能源系统集成化方向发展

(1)燃气锅炉继续向低氮化、冷凝化方向发展。未来应以分散式及时供热为出发点,重点抓好天然气深度利用技术和产品的研发、系统集成与工程化工作,特别是中小容量(≤35 t/h)新型燃气锅炉、冷凝式燃气锅炉产品开发、定型和推广;通过综合利用目前国际上最先进的分级燃烧技术、浓淡燃烧技术、蒸汽雾化技术、预混燃烧技术和中心稳燃射流燃烧技术等,结合烟气再循环技术和燃烧控制技术等,以最大限度地控制 NO_x 的排放;通过研制高端换热设备,有效降低锅炉排烟温度,有效回收烟气显热和烟气中水蒸汽潜热,提高锅炉热效率,降低燃气消耗量。

(2)大容量燃气水管锅炉向组装化、模块化方向发展。针对燃气的燃烧特性和燃气锅炉的运行特点,开展采用膜式壁结构、微正压燃烧为主的新型大容量燃气水管锅炉研发,减少锅炉散热损失与漏风造成的排烟热损失等。通过对水循环原理和方式研究,实现中小型中温中压锅炉、大容量锅炉组装化、模块化出厂,减少材料消耗,提升产品制造质量和使用性能。基于节能减排的不同能源利用方式的组合、不同供能类型的组合(冷热电联供、蒸汽热水联供等)得到发展。

(3)热能梯级利用。燃气冷热电联产系统(CCHP)是一种建立在能量梯级利用概念基础上,能大幅度提高能源利用率及降低 CO_2 等污染物排放的集成系统。冷热电联产系统(CCHP)综合利用多项技术,包括先进的燃气涡轮机、微型涡轮机、先进的内燃机、燃料电池、吸收式制冷机和热泵、干燥及能源回收系统、引擎驱动及电驱动蒸汽压缩系统、热储备和输送系统,以及控制及系统集成技术,以满足建筑物对热和电力负荷的需求,从整体上提高了从矿物燃料到能源的转换效率。

(4)太阳能与燃油燃气锅炉的联合应用技术。太阳能利用是当前可再生能源利用的焦点,太阳能热水器或太阳能热水系统是目前太阳热能应用发展中最具经济价值、技术最成熟且已商业化的一项应用产品。如与燃油、燃气、电锅炉配套(南方多采用空气源热泵等),一方面可以解决当阴雨天阳光不足或冬季气温较低时无法提供稳定热源供应的问题,实现常年 24 h 供应热水;另一方面,太阳能集热与锅炉给水系统一体化集成,锅炉给水被太阳能系统加热后送入锅炉,生产热水或蒸汽,提供生产或生活所需。这样既使太阳能利用领域不断得到拓展,又为燃油、燃气、电锅炉等的利用节约运行成本。

3.5.4 余热余能利用的技术升级

余热利用领域的发展主要有三个方向:一是余热利用领域逐渐扩大,新的余热锅炉产品不断出现,如水泥炉窑、玻璃炉窑余热锅炉的应用等;二是余热锅炉向高温、高压和高余

热回收利用率方向发展,如水泥炉窑余热发电等;三是余热利用向中、低温方向发展,热管式余热锅炉的出现使其成为可能;四是固废(垃圾、污泥等)焚烧处理技术的研发和推广,现有产品的可靠性和适用性提升,如垃圾焚烧发电系统等。

3.5.5 信息化技术在锅炉上的应用

以燃气锅炉、生物质成型燃料锅炉的信息化为示范,开展基于锅炉全生命周期的信息化应用技术和产品的研发推广,进而开展信息化技术在锅炉上的全面应用研究和示范推广。

(1)设计手段的数字化。随着锅炉技术的发展和研发技术、手段的提高,锅炉的数字化设计进一步发展为基于标准件库和参数化设计的CAD二次开发、锅炉的三维设计、功能更加强大的通用计算系统、基于设计全过程控制的锅炉CAD应用系统等,并开始将基于数值模拟和仿真技术的建模、分析、性能预测和优化设计等用于锅炉设计,从而提高设计的科学性,减少锅炉的材料消耗。

(2)制造过程的自动化、智能化。锅炉产品、零部件制造过程自动化、智能化趋势日益突显,数控设备不断增加,机器人将会在资金雄厚的制造企业优先采用,以提高材料的有效利用率。

(3)锅炉及系统控制智能化、远程诊断和运行监控、在线服务等信息化技术应用。开发基于专家知识库的锅炉智能燃烧系统、监测与运行指导平台等远程专家指导系统,运用无线、网络等通信技术实现数据联网、数据共享,使锅炉系统各部分成为有机整体。针对燃煤锅炉实际运行状况,对于容量较大、要求较高的锅炉运用配套的专家控制系统,实现对锅炉燃烧情况实时监控、对给煤送风实时调节的功能,使锅炉在高效稳定的工况下持续运行。针对燃气锅炉,通过引入氧含量、低 NO_x 技术、电子比调、室外温度传感、变频、水质监测等最新研究成果与锅炉燃烧系统、自控系统相结合,实现燃气锅炉智能低能耗运行控制管理。通过网络将云服务平台、软件平台以及云锅炉联接起来,用户可以随时控制锅炉,并从云端调取自己需要的资源和信息,进行软件升级,获取锅炉运行情况和在线技术支持、售后服务等,帮助用户实现能源管理和智能控制,让锅炉变得耳聪目明,通晓人性。使锅炉运行环节节能方案的实施更加方便、可靠。

3.5.6 燃烧器产品质量的优化

随着我国煤改气的加快推进、能源与资源的综合循环利用步伐的加快以及环保要求的日益严格,天然气梯级利用及深度利用、各种低品质燃料(渣油、废油、废气、低热值气等)燃烧技术以及高效清洁燃烧技术如生物质气化燃烧技术、高温空气燃烧技术、燃油超声雾化燃烧技术、燃气预混式无焰燃烧技术、煤层气催化燃烧技术、燃气脉冲燃烧技术、低 NO_x 燃烧技术等高效低污染油(气)燃烧技术急需自主开发,以推动燃烧器产品的升级换代,为清洁燃料替代提供高性价比的技术保障,使我国锅炉朝着安全、环保、高效的方向可持续地发展。未来燃烧器将向下列方向发展:①高效节能型产品将具有更强的市场竞争力;②低氮或超低氮排放的产品将成为市场的主力军;③非常规类燃料特种燃烧器(如高炉煤气、化工可燃尾气等)将迎来更大发展;④生物质燃烧器(如甲醇类燃料)使用越来越广泛;⑤全自动、信息化产品将替代现有的机械或手动控制产品,逐步实现远程控制和服务。

第 4 章　锅炉能效测试评价

依照相关国家标准,当检验检测机构在对锅炉制造、安装、改造与重大维修过程进行监督检验时,应当按照锅炉节能技术规范的有关规定,对影响锅炉及其系统能效的项目、能效测试报告等进行监督检验。为确保锅炉经济高效运行,必须严格执行上述有关标准,进一步提高锅炉设备的节能力度。锅炉使用单位通过分析影响锅炉经济运行的主要因素,可为动力设备调配、能耗管理等进行针对性改进提供客观、准确的依据。当锅炉设备稳定运行时,为了使锅炉经济运行,需保证锅炉始终运行在最佳工况下,故需要对锅炉的能效、运行参数以及各项热损失等项目进行测量。因此,锅炉能效测试在企业生产经营及管理过程中具有重要意义。

相关的锅炉检验检测机构、监察以及研究等部门,都需要对锅炉的运行能效进行测算,从而为准确评价锅炉的运行状况提供数据支持,同时也为锅炉使用单位采取技术措施以提高锅炉运行效率提供可靠依据。目前,国内相关锅炉能效测试机构所出具的能效测试报告中,并未说明测算结果的可靠性、质量以及测得的锅炉能效值的可信程度,而仅给出了锅炉能效测试的最终结果和相关的测算数据。从科学测量的角度而言,只能说是部分地完成了能效测试工作,缺乏对能效测试所得结果的可靠性进行分析评价。为了能有效地反映出能效测试结果的可靠性,需要对锅炉能效测试结果进行不确定度分析。

锅炉能效测试通常在锅炉设备安装验收和锅炉维护后,需要评估锅炉各项性能时进行。一般而言,锅炉能效测试都以测算所得结果的修正值作为其最终结果。而需要对锅炉能效测试结果的可靠性进行评估时,则需要用到测量不确定度。测量不确定度反映的是测量结果正确性的可疑程度,是表征测量结果的真值在某个量值范围的一个估计,其附属于测量结果。由于测量误差的存在,被测量的真值难以确定,测量结果始终带有不确定性。测量不确定度就是评定测量结果可信程度的一个重要指标。用于表征被测值的分散性。测量结果的不确定度越小,其可靠性越高,其使用价值也越高。根据不确定度原理,对锅炉能效测试的结果进行分析,既可以对测试结果以及其他相关参数的可靠性进行评定,同时也可以有针对性地提出保证测试结果质量以及提高锅炉运行效率的各种措施。

误差总是存在于测量结果和真值之间,这主要是人们对研究对象缺乏足够的认知、测试方法的不完善、仪器设备的挑选使用不当以及外界环境对测试的干扰等因素造成的。因此,对于测量误差的分析在科学研究和生产过程中占有极其重要的地位,它是保证测量结果可靠性的重要措施。随着科学和生产技术的不断发展,以及国际间的交流合作日趋频繁,人们对于误差的理解和认识逐步加深。

在锅炉能效测试方面,美国机械工程师协会在其出版的《锅炉性能试验规程》(ASMEPTC4—2008)中,详细阐述了对锅炉能效测试结果进行不确定度分析的方法。但 ASMEPTC4—2008 标准不仅在计量单位上与国内使用的不同,其能效测试和计算方法更与国内使用的《锅炉热工性能试验规程》标准具有显著差异。而其他国家,诸如英国、日本等国有关锅炉能效测试的技术标准中尚未包含对测试结果进行不确定度分析的规定。

目前,国内对锅炉能效测试进行不确定度分析的工作主要集中在电站锅炉上,对电站锅炉热效率测算中的锅炉进水温度、出水温度、给水流量等被测参数进行了不确定度分析,并在此基础之上对燃油热水锅炉热效率进行了不确定度分析。在锅炉能效测试过程中,由于外界环境等条件的变化,会有各种无法预期的影响,具有较多的不可预测因素,因此较难得出一种适合各种锅炉以及不同运行工况下的模型。锅炉的组成结构复杂,在对其进行能效测试时,需要利用各种温度、流量、压力、重量、燃料化学分析和烟气分析等仪器设备进行测量和化验分析,然后依据相关技术标准进行分析计算,需要较多的测试分析数据。因此,对锅炉进行能效测试是一个复杂而系统的测试工作。

国家市场监管总局于 2010 年 8 月颁布实施了《锅炉能效测试与评价规则》(TSG G0003),新规范在 GB/T 10180 的基础上,提出了对于锅炉能效简单测试的方法,需要将不确定度分析应用到锅炉能效测试中,为客观、准确、可靠地提供锅炉测试数据给予理论及技术支持。

4.1　锅炉能效考核指标

由于锅炉能效是反映锅炉运行工况的重要技术指标,其主要内容是测定锅炉热效率、锅炉介质(气、水及有机热载体)的品质、燃料消耗量以及各项热损失等。因此,在《锅炉节能技术监督管理规程》(TSG G0002)中明确提出,对锅炉开展能效测试工作必须由国家市场监管总局指定的锅炉能效测试机构进行。同时,国家市场监管总局也出台了一系列的技术标准及规范,用于对测试结果进行考核。

目前,各锅炉能效测试机构进行的能效测试类型主要有锅炉定型产品热效率测试、能效简单测试以及详细测试。一般在出现以下情况时,需要对锅炉开展能效测试工作:

(1)需要考察锅炉设备在额定运行状态下的能效情况时,或当锅炉安装完毕后半年内,需要对其开展定型产品热效率测试。

(2)当需要快速判断在用锅炉的运行工况时,需采用锅炉能效简单测试。TSG G0002 中规定,对于在用锅炉,每两年其使用者应委托具有能效测试资质的检测机构开展一次锅炉能效简单测试。

(3)当需要对锅炉在实际运行参数下的能效状况进行考察,或当通过简单测试法得到的锅炉热效率未达标准规定效率的 90%,以及当锅炉使用单位提出要对锅炉能耗情况进行考察时,则需要进行锅炉能效的详细测试。

为保证锅炉能效测试工作的规范性,定型产品热效率测试和详细测试应根据 GB/T 10180 中所述的方法进行,能效简单测试则需按照 TSG G0003 中的方法进行检测工作。

4.2　锅炉能效测试计算模型

锅炉能效测试计算模型建立在锅炉的热平衡之上,分为正平衡法测试(也称输入—输出法,Input-Output Method)和反平衡法测试(也称能量平衡法,Energy Balance Method)

两种。锅炉的热平衡是指锅炉的输入热量与其输出热量之间的平衡。锅炉输入热量的主要来源是各种燃料燃烧所放出的热量,而输出热量则分为有效输出热量(用于输出蒸汽或热水)和由于各种原因被损失的热量两部分。

4.3　测量不确定度

测量不确定度(Measurement Uncertainty)是指表征合理地赋予被测量之值的分散性,是与测量结果相联系的参数。测量不确定度反映的是对测量结果正确性的可疑程度。测量不确定度作为测量结果的一部分,用于表示被测量值的分散性,是对被测量真值在某个区间内的一种估计。因此,根据测量不确定度的定义,被测量的估计与分散性参数都应在测量结果中给出。

采用不确定度得出的测量结果并不是一个固定的值,而是给出一个区间范围,该区间内包含测量结果所有可能的取值。而在较多实际测量条件下,不能直接获取被测量的真值,而是通过 N 个其他量来确定。当测量不确定度采用标准差(Standard Deviation)表示时,称为标准不确定度(Standard Uncertainty)。当测量结果由若干个其他量求得时,按这些量的方差(Variance)或协方差(Covariance)算得的标准不确定度称为合成标准不确定度(Combined Standard Uncertainty),对合成标准不确定度乘以包含因子(Coverage Factor)所得的不确定度称为扩展不确定度(Expanded Uncertainty),扩展不确定度给出了一个区间,使得被测量的值以一定的置信概率(Confidence Level)落在这个区间内。

开始不确定度分析前,应对测量结果中由于读数、记录或不正确使用仪器等因素产生的明显的异常数据予以去除,以保证所有的测量值均是测量结果的最佳估计值。

4.3.1　不确定度与误差的异同

不确定度与误差关系密切,误差理论体现的是分类主义的思想,而不确定度则是以误差评定的存在主义为基础,是对误差理论的拓展和完善。

依照测量不确定度的定义,测量不确定度通过给出一个区间,使得在一定概率下被测量的真值能够落在这个区间内。它反映的是由于测量条件的不完备以及对被测量的认识不足导致的对测量结果的怀疑程度。当测量结果的不确定度偏大时,表示其结果具有较低的可靠性,利用价值不大;若不确定度较小,则说明测量结果具有较高的可靠性,有较高的利用价值。不确定度恒为正,而误差则有正负。

误差反映的是测量值与真值之间的关系。即在不同测量条件、手段的情况下,若最终的测量结果相同,那么其误差亦相同。对被测量认知程度的缺乏和外界条件的干扰并不能通过误差表现出来。即使测量结果具有较大的不确定度,被测量也可能非常接近真值。

4.3.2　不确定度来源

测量过程中产生不确定度的因素主要来自以下几个方面:

(1)未能对被测量进行完整的定义。

(2)实际测量条件不能满足被测量被定义时的要求。

(3)在测量过程中,对测量条件的掌控不足。

(4)测量取样时,所取样本的代表性不足。

(5)由各种随机影响造成被测量在重复观测中产生变化。

(6)测量过程中存在的简化、近似以及迭代计算等造成的不确定度。

(7)通过引用获取的数据中其本身的不确定度。

(8)相关标准或标准参照本身具有的不确定度。

(9)测量设备的灵敏度、稳定性以及分辨力等性能不理想。

(10)采用模拟式仪器测量时,存在读数偏差。

从上述若干种产生不确定度的来源可以看出,不确定度体现的是对测量对象和环境的了解程度,应全面考虑可能含有不确定度分量的因素,过多或者过少考虑都会对最终的不确定度分析结果产生干扰。

4.3.3 测量不确定度分类

在测量不确定度中一般包含数个不确定度分量,这些分量都是由在测量过程中会对测量结果的不确定度产生影响的因素构成的。

对于这些分量的评定,可采用 A 类不确定度评定(Type A Evaluationof Uncertainty)和 B 类不确定度评定(Type B Evaluationof Uncertainty)两种方法进行评定,评定所得结果称为标准不确定度分量。这两种评定方法都以概率分布为基础,且以方差或标准差定量表示。A 类评定采用统计分析法,而 B 类评定则通过实践经验以及相关方法估计概率分布或分布假设进行评定,评定结果分别称为 A 类标准不确定度和 B 类标准不确定度。

在实际测量过程中,一般采用 B 类评定,这主要是由于统计方法并不适用于所有不确定度分量的评定,或当采用统计方法评定时需要耗费较多资源等。

4.3.4 测量不确定度评定方法

4.3.4.1 测量不确定度 A 类评定

测量不确定度 A 类评定是指用统计分析法评定被测量重复观察所得的测量数据,其标准不确定度用一系列观测值获得的标准差表征。一般可采用贝塞尔法、别捷尔斯法、极差法和最大误差法等求得标准差。

对于被测量的重复测量次数 n,取值过小不能获得足够的测量精度,取值过大则由于难以保证测量条件的保持不变,而容易由于测量条件的改变引入新的影响因素,同时当 $s(x)$ 不变,测量次数 n 超过一定值时,$s(x)$ 减少缓慢,过多地增加测量次数并不经济可行。因此,为获得所需要的测量精度,应设定合理的测量次数(一般以 $n<10$ 为宜)以及选择足够高精度的测量设备。

4.3.4.2 测量不确定度 B 类评定

测量不确定度 B 类评定的方法不同于 A 类评定所采用的方法,而是结合实际测量情况,在合理的分布假设基础上进行评定。对于被测量 X,当采用 B 类评定时,应获取对被测量 X 可能产生影响的各种资料和信息。这些资料和信息获取的来源一般有以下几项:

(1)过往的测试数据、经验和资料。

(2)对测量所用设备的性能以及相关技术资料的认识。

(3)来自相关制造单位的技术资料和说明文件。

(4)检定机构出具的检定报告或其他文件中包含的数据、准确度的等级或级别等。

(5)来自技术文件中提供的技术数据和对应的不确定度。

(6)国家标准或技术规范中明确试验方法,并给出试验方法的重复性限 r 或复现性限 R。

从以上所述的信息来源中充分获取需要的信息和资料后,一般采用以下几种方法进行测量不确定度的 B 类评定。

当相关制造单位提供的校准证书或其他文件中明确给出了被测量的估计值 X',并且指明其不确定度 $V(x')$ 是标准差 $s(x')$ 的 A 倍,同时给出包含因子 A 的值。

4.4　锅炉能效测试误差分析

4.4.1　测量设备不确定度影响因素分析

4.4.1.1　温度测量

锅炉能效测试中,需要对锅炉输出蒸汽温度、给水温度、排烟温度、入炉冷空气温度、炉渣温度、漏煤温度、冷灰温度等进行测量。温度测量设备一般分为插入式、辐射式和表面接触式三类。

插入式测温设备主要有热电偶温度计和水银温度计。对于热电偶温度计,需要考虑的影响因素有分度误差,仪表精度等级、延长导线引起的误差、动态误差,漏电、漂移等产生的影响。

辐射式测温设备需要考虑设备本身引入的不确定度以及黑度系数设定与实际环境有出入引入的不确定度。

表面接触式测温设备以热电阻为主,主要考虑其本身的精度以及由于物体表面和被测流体实际温度不同所带来的不确定度因素。

采用正平衡法时,需要进行温度测量的参数有输出蒸汽温度以及给水温度。由于当出口工质为饱和蒸汽时,为求其焓值,只需测量饱和蒸汽的温度或压力之一即可。当采用反平衡法时,需要对入炉冷空气温度、排烟温度、炉渣、漏煤等参数进行测量。

4.4.1.2　压力测量

压力测量设备主要用于给水压力以及锅炉输出蒸汽压力的测量工作。对于压力测量设备,主要考虑的影响因素有设备的长期稳定性、工作温度的影响、控制稳定性以及当压力计采用数字仪表显示被测数据时引入的不确定度。

压力测量的对象主要是蒸汽压力与给水压力,均采用 Testo512 数字式压力计进行测量。其压力精度为最终测量值的 0.5%,即由压力计引起的不确定度为蒸汽压力由于需要多次测量,考虑由测量条件的变化引起不确定度,对多个测量值采用统计分析法评定,属于 A 类评定。

4.4.1.3 流量测量

锅炉能效测试中,流量计用于测定给水流量、锅水取样量以及蒸汽取样量。流量计一般有超声波流量计、电磁流量计、差压流量计等。

对于超声波流量计,除设备本身引入的不确定度外,还需考虑其测点布置以及管壁、管径测量误差等引入的不确定度。

对于电磁流量计,需要考虑的不确定度来源有安装误差、被测流体中含有汽包的情况、流体流速分布不均、被测对象没有充满管道、管道内有附着物以及环境电磁干扰等因素。

对于差压流量计,需要考虑的因素有压力、温度的修正,喷嘴或孔板的安装(节流装置)、差压送变器等引入的不确定度。

4.4.1.4 烟气分析仪

烟气分析仪主要考虑的因素有烟气分析仪本身的精度影响,烟气取样时没有完全干燥以及取样时间、取样位置的不同等引入的不确定度。

由于烟气分析仪种类较多,故仅根据现有设备进行不确定度分析。烟气分析仪一般采用一体化设计,使用较为简便。采用烟气分析仪进行测量作业时,存在非线性误差。对于不同测量对象,在进行不确定度分析时,需要针对不同被测气体种类,并根据实际测量值计算其各自的不确定度分量。

4.4.1.5 湿度测量

锅炉能效测试中,湿度测量需要考虑的因素有湿度计精度、漂移、非线性,以及当采用数字显示时末位跳动引入的不确定度。

4.4.1.6 重量测量

燃料消耗量利用磅秤、电子台秤等进行称量,由精度引入的不确定度和由数字显示引入的不确定度属 B 类评定。由于多次测量时,考虑测量环境变化产生的不确定度属于 A 类评定。

4.4.1.7 焓值计算引入误差

对于水及水蒸气的焓值计算采用 IAPWS-IFC97 所述的迭代方程进行计算,由于焓值计算是通过温度和压力进行迭代计算得出的,由此会产生不确定度的传递,其灵敏度系数由于迭代方法较为繁杂难以计算,故根据灵敏度系数的定义,通过变化其中一个变量,而保持其余输入量不变,通过比较输出量的变化,求得其灵敏度系数。

4.4.2 锅炉能效正平衡法测试的不确定度分析

对工业蒸汽锅炉的能效测试进行不确定度分析,根据 TSG G0003 以及 GB/T 10180 中所述,其能效计算模型中,正平衡法中对测试结果的不确定度产生影响的各参量相互独立。

根据合成标准不确定度计算公式,可得当采用正平衡法计算时,其合成标准不确定度计算各分量的灵敏度系数通过将正平衡法计算公式分别代入灵敏度公式中求得。各分量的灵敏度系数通过推导得出。

4.4.3　锅炉能效反平衡法测试的不确定度分析

根据 TSG G0003 中规定，锅炉能效反平衡法测试分为简单测试法与详细测试法两种，锅炉反平衡法中的详细测试计算根据不确定度原理，分别由灵敏度计算公式得出各分量对应的灵敏度系数的计算公式。在实际应用过程中发现，在锅炉反平衡法详细测试中，测试项目较多，推导较为烦琐。

通过实验可以推导出：锅炉能效正平衡法测试的扩展不确定度为 0.496，锅炉能效反平衡法详细测试的扩展不确定度为 0.950，锅炉能效反平衡法简单测试的扩展不确定度为 0.205。锅炉能效反平衡法详细测试的不确定度较大，这是由于反平衡法详细测试所考虑的影响因素较多，有较多的不确定度分量。分析表明，锅炉能效测试采用正平衡法时，影响测试结果不确定度较大的因素主要有燃料收到基低位发热量、给水焓、饱和蒸汽焓，其中蒸汽湿度的灵敏度系数较大；锅炉能效测试采用反平衡法详细测试时，影响测试结果不确定度较大的因素主要有燃料收到基水分、燃料收到基灰分、排烟处 CO 含量、燃料应用基低位发热量、排烟温度、排烟处 O_2 含量、入炉冷空气温度，其中排烟处 CO、H_2 含量和燃料收到基水分、燃料收到基灰分的灵敏度系数较大；锅炉能效测试采用反平衡法简单测试时，影响测试结果不确定度较大的因素主要有收到基灰分含量、排烟处 O_2 含量、入炉冷空气温度、排烟温度等，其中收到基灰分含量和排烟处 O_2 含量的灵敏度系数较大。

在锅炉能效测试过程中，测试上述这些不确定度较大的项目时，应注意测试方法的确定和设备的挑选。而对那些灵敏度系数较大的项目进行测试时，若由于设备选择或人为操作不当而未能准确测量，测试结果的可靠性将更易受影响。为降低上述影响因素的不确定度，需要针对这些项目在测试过程中使用更高精度的设备或优化测试方法等措施，以提高测试结果的可靠性。

第 5 章　锅炉系统能效

锅炉系统节能是工业领域节能工作的一个重要组成部分,对锅炉的管理和技术等多角度系统评价,关系着我国节能减排工作能否顺利有效地开展。通过分析影响锅炉系统能源利用水平的各指标要素,考虑技术、安全、环保等多个方面,从系统的角度构建锅炉系统节能效果评价指标体系,对锅炉系统的能效水平和节能管理效果进行综合考量。以锅炉系统节能效果评价指标体系为基础,建立模糊综合评价模型并具体应用证实其科学性和可行性,以期对整个系统的节能水平进行综合评价,为推动提高能源利用效率,促进我国能源的节约和高效利用提供依据。引入模糊综合评价法对锅炉节能效果进行综合评价,有利于科学衡量、评价其锅炉系统的能效利用水平,对于节能减排工作的实施具有较强的实践意义。

5.1　概　述

目前,针对锅炉系统能效的研究主要集中在两个层面:①从技术创新角度分析提高锅炉能效的发展途径,强调对锅炉进行节能减排技术改造;②从管理模式的角度研究,针对合同能源管理在锅炉市场的应用进行了深入研究。现有研究从不同角度揭示了提高锅炉能效的重要性,并且强调在技术上推动企业对锅炉进行节能改造,但是对于如何评价锅炉系统的能效利用仍是目前迫切需要解决的关键问题。对这一问题的研究有利于提高企业对自身使用锅炉的能效水平有更精确的认识,为其更好地创造经济效益、社会效益和环境效益提供科学依据与理论支持。

2008 年 6 月 1 日开始实施的《锅炉经济运行》(GB/T 17954),是由国家市场监管总局和标准化管理委员会在 2007 年 11 月 8 日联合发布的。该标准规定了锅炉经济运行的基本要求、管理原则、技术指标与考核,全面调整了锅炉运行热效率等各项技术指标,并做出了技术指标综合评判规定。2009 年 8 月,国家市场监管总局特种设备安全监察局委托中国特种设备检测研究院起草《锅炉能效测试与评价规则》(TSG G0003),其最终审批稿由国家市场监管总局于 2010 年 8 月 30 日批准颁布。该规则依据《高耗能特种设备节能监督管理办法》对锅炉系统能效评价的方法和热效率测试等给出了详细规定。2010 年 8 月实施的《锅炉节能技术监督管理规程》(TSG G0002)对锅炉的设计、制造和安装改造等环节的节能管理工作提出了明确规定,为锅炉系统的节能管理工作奠定了基础。

现有锅炉系统评价分析存在的问题包括以下几个方面:

(1)评价方法的局限性。

目前的锅炉评价中所采用的评价方法和衡量标准有待进一步讨论,在评价标准和指标的分值设计上缺少准确的判断标准,评价方法的局限性导致在评价过程中定性指标难以量化,从而影响评价结果的科学性和准确性。锅炉系统所涉及的设备和管理因素较多,因此在对其节能效果进行评价时，需要进行大量的查阅和测量工作，在统计分析过程中工作量较大。而以自身、各节能监测站或专家评分相结合的方法，直接对指标进行评分，缺少对评价指标的等级划分，不易达到对于锅炉系统节能效果的准确全面评价。

(2)管理因素缺乏足够重视。

在以往针对锅炉评价的研究中，大部分集中在如何从设备本身的改造、改进节能技术和操作方式上提高锅炉的能源利用效率，而对于管理这个重要的影响因素没有给予足够的重视。在锅炉系统的运行和管理过程中，管理因素存在于人、料、物、方、环等各个环节，如果锅炉运行的管理制度和方法能够得到有效制定并切实落实，将极大促进锅炉系统能效利用水平的提高，节能效果显著。以安全生产和操作的角度为例，绝大多数锅炉事故的发生都是由于管理制度和措施不到位所引起的，如安全监管不到位、现场监督不严格、操作管理人员缺乏相应技术知识、疏忽大意违规操作等，这些都应当被列入到锅炉系统的管理评价当中。

(3)定性指标的合理量化有待研究。

目前，在考察我国锅炉系统的节能效果因素中，涉及众多定性的评价指标，如锅炉系统的运行管理方面，包括能耗管理制度的建立与有效实施、能耗设备台账的设立、节能规划和节能实施细则的制定、节能领导机构的建立、应急管理制度和环保安全监督管理制度等一系列的定性指标，需要在评价过程中给予合理量化，才能得出科学的评价结果。然而，目前的锅炉评价标准中，大部分忽略对定性指标的评价，仅从衡量能效指标着手取得评价结果，有些虽然将定性因素考虑其中，但缺乏合理的量化标准，仅通过评分法量化影响最终评价结果的准确性。

节能效果评价指标体系的研究，运用多种方法，涉及多个行业和多个领域，但是针对锅炉系统节能效果的评价不足。关于锅炉节能大多数集中在改进节能技术、建设节能项目和完善节能措施等方面，对于锅炉系统节能水平的优劣，缺少比较科学完善的综合评价体系和方法。针对锅炉系统评价的研究多从安全和能效等角度展开，将管理因素作为重点评价内容的文献较少，缺乏足够的重视。因此，综合考虑能效因素、管理因素及环境因素等多个维度，构建锅炉系统节能效果综合评价指标体系，为有效提升锅炉系统的节能效果提供有效的评价依据。

针对锅炉系统的节能效果评价，需要以科学的理论支撑和已有的相关评价规程及标准为基础展开，在进行综合评价时，主要以可持续发展理论、循环经济理论和系统工程理论作为指导，在设立评价指标和评价依据与方法的过程中，以现有的锅炉标准和规程作为依据，并进一步完善和细化，丰富的理论指导和明确可行的科学依据是对锅炉系统节能效果进行综合评价的重要基石。

5.2　锅炉系统节能评价

锅炉系统节能效果评价是一个有机的系统工程，需要对多个学科的专业知识进行综合运用和把握，在评价过程中，需要以下几个理论作为指导：

针对锅炉系统的能效利用问题，国家各职能部门颁布实施的各项锅炉相关节能监测和运行标准及评估技术，是构建锅炉系统节能效果评价指标体系的重要参考依据，也是整个评价体系流程的主要思路来源。目前，国家及各地方颁布的现有锅炉运行管理与节能监测评价标准大体从运行管理角度、能效和节能监测角度、锅炉技术条件角度及水质标准和污染排放角度等四个方面出发，并且针对不同的适用对象。国家市场监督管理总局和国家标准化管理委员会于 2007 年 11 月 8 日联合发布了《锅炉经济运行》(GB/T 17954)，并宣布从 2008 年 6 月 1 日起正式实施。该标准对锅炉经济运行的基本要求、管理原则、技术指标与考核进行详细规定，全面调整了锅炉运行热效率等各项技术指标，并做出技术指标综合评判规定。其适用对象为燃煤、燃气或燃油且以水为介质的固定式钢制锅炉。该标准将锅炉经济运行热效率指标分为三个不同的等级，其中各等级热效率指标不小于其规定值。该标准中技术指标的评价按照百分法进行评判，如燃煤锅炉热效率占 70 分，燃油、燃气锅炉的热效率占 80 分，对于一等、二等、三等和三等以下分别按 100%、90%、80%和 0 计分。明确规定了不同容量的锅炉在采用不同燃烧方式条件下的热效率等级，对锅炉运行的排烟处过量空气系数值、排烟温度值和燃煤锅炉的灰渣可燃物含量值等进行了明确规定，为其系统节能评价指标体系的构建提供了可资借鉴的依据。

5.2.1　锅炉节能监测评价标准

5.2.1.1　锅炉能效限定值及能效等级

2009 年 10 月 30 日，国家市场监管总局与国家标准化管理委员会共同发布了《锅炉能效限定值及能效等级》(GB 24500—2009)，宣布于 2010 年 9 月 1 日起正式实施。该标准针对锅炉的能效等级、能效限定值、节能评价值和试验方法等方面进行了详细规定，其适用对象与《锅炉经济运行》的适用对象相同。在规定的测试条件下，能效限定值是指锅炉在额定工况下所允许的热效率最低值，节能评价值是指在额定工况下评价锅炉节能产品的热效率最低值，并分别给出层状燃烧锅炉、抛煤机链条炉排锅炉、流化床燃烧锅炉和燃油燃气锅炉的热效率限定值。

5.2.1.2　锅炉能效测试与评价规则

2010 年 8 月 30 日，国家市场监管总局特种设备安全监察局批准颁布了《锅炉能效测试与评价规则》(TSG G0003)。该规则以《高耗能特种设备节能监督管理办法》和《特种设备安全监察条例》为依据，对锅炉系统能效评价的方法和热效率测试等给出了详细规定，适用对象为额定压力<3.8 MPa 的热水锅炉和蒸汽锅炉及有机热载体锅炉。锅炉系统的能效测试与评价方法主要包括四个方面，分别为定型产品的热效率测试、锅炉运行工况热效率的简单测试和详细测试以及锅炉系统的运行能效评价等。

对于定型产品热效率测试的方法主要包括正平衡法和反平衡法两种，每次测试中由两种方法测得的效率之差必须小于 5%，各自测得的效率之差必须小于 2%，燃油、燃气及电加热锅炉的效率之差必须小于 1%。锅炉运行工况热效率简单测试通过测试项目计算得出排烟热损失、气体和固体未完全燃烧热损失、散热损失及灰渣物理热损失等参数，从而计算得出锅炉的热效率指标。通过对系统在一定运行周期内产生蒸汽量或者输出热量、燃料和水电消耗数据的统计和分析，对其系统整体能效情况所进行的总体评价，即为锅炉系统运行能效的评价。

5.2.1.3　燃煤锅炉节能监测

《燃煤锅炉节能监测》(GB/T 15317—2009)是 2009 年 10 月 30 日由国家市场监管总局与国家标准化管理委员会共同发布的,以代替 1994 年实施的《锅炉节能监测方法》(GB/T 15317—1994),并宣布于 2010 年 5 月 1 日实施。与旧的节能监测方法相比,该监测标准增加了对循环流化床锅炉的节能监测要求、锅炉操作人员的要求,以及入炉燃料的要求。不仅对考核指标进行了调整和细化,还规定了浪费能源量的计算方法和节能监测报告的格式等,为有效地监测燃煤锅炉节能效果提供了科学依据。其适用范围为 0.7 MW<额定热功率<24.5 MW(1 t/h<额定蒸发量<35 t/h)的工业蒸汽锅炉和额定供热量>2.5 GJ/h 的工业热水锅炉。对锅炉各项监测考核指标给予参考标准,并且提出了节能监测不合格的超耗能源量计算方法。

5.2.2　锅炉技术规程与条件

5.2.2.1　锅炉通用技术条件

国家经济贸易委员会于 2002 年 12 月 1 日发布实施的《锅炉通用技术条件》(JB/T 10094—2002),其适用对象为 0.04 MPa<额定蒸汽压力<3.8 MPa,且额定出水压力>0.1 MPa 和蒸发量>0.1 t/h 的固定式钢制热水和蒸汽锅炉。与 1999 年版本相比,该标准增加了对锅炉可靠性、锅炉设计的基本要求、配用辅机及附件的要求、检测与监控仪表及装置的功能要求、过热蒸汽锅炉过热器入口蒸汽温度的考核要求等一系列指标,同时根据不同的燃烧方式对锅炉热效率指标进行了适当的调整,取消了燃烧劣质煤的热效率指标。在技术要求方面,分别从额定工况下的锅炉性能、锅炉设计基本要求、制造、配用辅机及附件的要求、检测与监控仪表及装置的配置要求等 5 个角度进行分析。同时,对锅炉本体的测试方法,检验和试验,包装、标志和随机文件,安装及使用和验收要求等给予了规范。

5.2.2.2　锅炉节能技术监督管理规程

《锅炉节能技术监督管理规程》(TSG G0002)是 2010 年 8 月 30 日由国家市场监管总局依据《高耗能特种设备节能监督管理办法》和《特种设备安全监察条例》颁布并实施的。针对锅炉设备的设计与制造、安装与改造、维修与使用管理等环节的节能工作做出明确规定,为锅炉的检验检测和能效测试、监督管理方面制定了详细的实施细则,对于规范锅炉的节能降耗工作具有深远的意义。该规程适用于《特种设备安全监察条例》规定范围的,以煤、油、气为燃料的锅炉、电加热锅炉和余热锅炉及其辅机、水处理系统、监测计量仪表和控制系统等,对于电加热锅炉、余热锅炉和其他燃料锅炉同样适用。针对锅炉的排烟温度和排烟处过量空气系数等设计参数及电站锅炉和锅炉的正常排污率均有明确要求,并且指出锅炉系统在安装和改造维修方面不得降低其能效指标。

该规程中明确指出,锅炉使用单位要对其锅炉系统的节能降耗工作负责,建立和完善相关的节能管理制度,包括节能目标责任制和管理岗位责任制、燃料入场检验分析与管理制度、日常节能检查制度、锅炉系统维护保养制度、计量仪器仪表校准与管理制度、水质处理管理制度及作业人员的节能培训考核制度等,并且建立相应的高耗能特种设备能效技术档案。该规程的发布有效地鼓励了锅炉生产和使用单位加强新技术和新工艺的研发与采用,从而有效地提高锅炉系统的能源转换利用效率,能够最大化地满足其节能、安全和环保要求。

5.2.2.3　锅炉热工性能试验规程

《锅炉热工性能试验规程》(GB/T 10180)是由国家市场监管总局于2003年1月17日发布的锅炉标准,该标准的制定充分参考了发达国家的先进经验,主要以英国的《蒸汽、热水和高温热载流体锅炉的热工性能评定》为参考依据,为我国的锅炉热工性能测试提供了精度较高、成本较低并且操作简便的方法。其适用对象为工作压力<3.8 MPa的蒸汽锅炉和热水锅炉,且为机械或手工燃烧固体、气体或液体燃料及以电作为热能的锅炉,同样适用于以垃圾为燃料和导热油载体锅炉的热工性能试验。

该标准给出了蒸汽和给水的实测参数与设计参数不一致时锅炉蒸发量的修正公式,对过热蒸汽含盐量和饱和蒸汽温度的测定方法进行了简化,并且将导热油载体锅炉和电加热锅炉的试验要求和测试方法列入其中。同时还对热水锅炉的进出水温度与设计之差及蒸汽锅炉的给水温度与设计之差超过范围情况下的热效率指标提供了折算修正公式。该规程的实施为锅炉的热工性能试验提供了一套明确可行的试验方案和测试方法,是进行锅炉及其系统能效评定的重要依据。

5.2.3　锅炉水质及污染排放标准

5.2.3.1　锅炉水质

水作为锅炉运行的重要介质,其水质情况的优劣会严重影响锅炉系统的运行效率。为此,国家市场监管总局与国家标准化管理委员会于2018年5月14日共同发布了《工业锅炉水质》(GB/T 1576—2018),并于2018年12月1日起实施。适用于额定出口压力<3.8 MPa的蒸汽锅炉及汽水两用锅炉和热水锅炉等。

该标准明确规定了锅炉运行时的水质标准,对自然循环蒸汽锅炉汽水两用锅炉(包括采用锅外水处理和单纯采用锅内加药处理)的锅炉给水和锅水水质,热水锅炉水质(包括采用锅外水处理和单纯采用锅内加药处理)的锅炉水质,应采用锅外水处理的贯流和直流蒸汽锅炉给水和锅水水质,余热锅炉水质、补给水水质以及回水水质等分别制定了有效的规范。针对不同种类锅炉的给水和锅水,分别从浊度、硬度、pH值、溶解氧等多个项目设定严格的水质标准。《工业锅炉水质》的发布与实施为锅炉系统的水质提供了标准化的参考依据,为其进行系统节能综合评价奠定了基础和保障。

5.2.3.2　锅炉大气污染物排放标准

为了较好地贯彻《环境保护法》与《大气污染防治法》,有效控制锅炉污染物的排放,国家环保总局与市场监管总局共同发布并实施了《锅炉大气污染物排放标准》(GB 13271—2014)。其适用范围为以燃煤、燃气、燃油为燃料的单台出力65 t/h以下的蒸汽锅炉,各种容量的有机热载体锅炉,各种容量的层燃锅炉、抛煤机炉。

该标准分别按照年限新建锅炉自2014年7月1日起、10 t/h以上在用蒸汽锅炉和7 MW以上在用热水锅炉自2015年10月1日起、10 t/h及以下在用蒸汽锅炉和7 MW及以下在用热水锅炉自2016年7月1日起执行本标准,《锅炉大气污染物排放标准》(GB 13271—2001)自2016年7月1日废止。各地也可根据当地环境保护的需要和经济与技术条件,由省级人民政府批准提前实施本标准。

5.3 锅炉系统能耗现状分析

工业作为国民经济发展的重要基础和保障,是一国综合国力和总体经济实力的象征。近年来,我国的工业发展呈指数增长,工业总产值位列全球第二。而我国的迅速发展是以消耗大量的能源资源作为前提和基础的,我国能源消费的标准煤占全国能源消费总量的71%以上,我国工业废水排放总量、废气排放总量及固体废物产生量每年都高速增长。伴随着国民经济的迅速发展,高能耗、高污染、高排放的特征逐步凸显,目前受能源约束效应的影响,如何提高能源利用效率,成为促进其可持续发展的关键问题。因此,对我国的节能降耗工作迫在眉睫。锅炉作为重要的热能供应设备,是能源消耗和污染排放的重要组成部分,通过分析影响锅炉系统节能效果的各因素,科学系统地对锅炉系统的节能效果进行评价,对于节能目标的顺利实现具有重要的现实意义。

由于石油、天然气和新能源燃料的使用尚未全面普及,以及我国目前"富煤、贫油、少气"能源现状的影响,煤炭的相对可获得性较高,仍然是当前我国锅炉的主要燃料选择。

从能源结构的角度看,锅炉系统的能源消耗具有以下几个特点:首先,涉及的能源种类多样化。与其他行业相比,锅炉所采用的能源除燃料(一次能源)的投入外,还包括锅炉运行过程中产生的二次能源或热量。其次,能源的转换过程与途径多样化。不同类型的企业由于其流程和工序特征不同,锅炉用途的差异性导致最终能源的表现形式有所不同,如供采暖用锅炉的能源转换形式为煤转化为蒸汽和余热,供发电用的锅炉其转换形式为煤或天然气转化为电力或者蒸汽等。再次,涉及的能源系统广泛,系统性强。由于不同种类能源的输入产生其他可供生产所需的能量,该过程涉及多个系统的运行和优化,如燃料制备系统(制粉系统)、汽水系统、烟风系统、仪表及自动控制系统等,需要各系统在工序操作过程中实现最优组合,才能达到有效提高能源利用水平、实现节能降耗的目标。

锅炉所占总体数量比重大,其系统能耗量高,能耗利用水平低,运行过程中存在诸多问题,如燃料适应性差,燃烧效率低、带负荷能力差,负荷调节范围小,运行费用高,自动化控制水平低,燃料选用不当,排烟温度高,排烟热损失大,燃料浪费严重,造成温室效应加剧等。

5.4 锅炉节能管理

5.4.1 全面质量管理的5M1E方法

全面质量管理的5M1E方法是由全面质量管理理论提出的影响工序质量的六个主要影响因素,被广泛应用于工序管理、过程质量管理和现场管理与控制等多个领域当中。5M1E分析即人、机、料、法、环、测(Man、Machine、Material、Method、Environment、Measurement)。具体是指:①人(Man),操作者对质量的认识、技术熟练程度、身体状况、文化素养等;②机器(Machine),机器设备、工夹具的精度和维护保养状况等;③材料(Material),材料的成分、物理性能和化学性能等;④方法(Method),包括加工工艺、工装选择、操作规程等;⑤测量(Measurement),测量时采取的方法是否标准、正确;⑥环境(Environment),工作地的温度、湿度、照明和清洁条件等。

5.4.2 基于5M1E的锅炉系统节能问题分析

运用5M1E分析法的六个影响因素来分析锅炉系统的节能问题,具体包括以下几个方面。

5.4.2.1 操作人员因素

人作为锅炉系统中最活跃的生产要素,也是节能降耗管理工作中的重点和难点,是保证系统高效运行的首要前提。锅炉系统是由操作人员起主导作用的工序运行系统,一般由操作人员因素造成的主要原因包括节能意识差、不按规程操作、疏忽大意、技能不熟练或技术水平低以及工作简单重复所产生的厌烦情绪等。

作为锅炉系统节能管理工作的主要执行者,操作人员在系统能效的提高上起着十分重要的作用。我国锅炉自改革开放以来,其运行管理和操作人员的节能意识淡薄,素质水平参差不齐,缺乏节能意识和相关培训,企业对于管理操作人员缺乏有效的监督和考核机制。针对目前部分锅炉系统采用的自动化控制装置及监控系统,锅炉运行管理人员掌握的知识和操作技能显得尤为重要,需要其对系统运行过程中的负荷范围及其他状况准确把握并能够及时予以调节至最佳运行条件下,对于手工燃烧的锅炉系统,操作管理人员的经验积累和技能水平将对设备的热效率造成极大影响,相同的设备在相同的条件下,使用先进可靠的燃烧方法和操作步骤能够使其燃烧效率得到明显提升,对于提高系统的运行能效意义重大。此外,锅炉系统的管理大多归属于企业的动力设备部门,而此部门人员编制较少,监督与考核制度不完善,并未得到企业的足够重视。大多数司炉工并未接受过全面、系统的操作技能培训,对于如何能更好地提高锅炉运行能效没有深入了解,造成燃料大量浪费、能耗利用率普遍不高的现象。

5.4.2.2 机械设备因素

机械设备因素在锅炉系统中主要指锅炉本体和辅机设备,锅炉部件和管道测量因素、物料因素、人力因素等;其他辅助系统,如燃料供应系统、通风系统、水处理系统、给水系统、除尘系统及自动控制系统等。

在工业化生产中,设备是提升生产效率的有效途径之一,锅炉设备的机械化程度及自动化水平高低是提升能效的必要条件。目前的在用锅炉中仍然有大量人工投煤锅炉未被淘汰,大大降低了锅炉的燃烧效率,是提高能效利用率应当首先解决的问题。机械化连续燃烧能够消除人工投煤的燃烧周期性,使锅炉及其系统能够连续稳定运行,是保证锅炉系统实现节能目标的基础。此外,机械炉中大部分往复炉排存在漏煤量大、侧密封不严等问题。若能适当调节鼓风机及引风机等主要配套辅机的运行参数,则可以保证锅炉在最佳运行状态下有效节能。连续稳定的燃料供应,均匀合理的配风,有效调节排烟温度,降低排烟热损失,脱硫除尘等辅助装置的配备,只有锅炉设备本身这些系统的、集成的功能得到最大程度的发挥,才能显著提高其运行效率。运行管理和操作人员总体素质有待提高,节能标准和监测制度建设需与时俱进,锅炉设备平均运行负荷低,配套辅机需优化改进,部分燃料及水质不能适应锅炉本身设计需要,工艺方法及燃烧技术亟待改进与完善。

5.4.2.3　燃料和介质因素

现有大多数锅炉的燃料以原煤为主,没有经过洗选加工,其灰分和颗粒度没有保证,原煤中颗粒度小于 3 mm 的细末含量有的高达 45%~65%,而颗粒度大于 10 mm 的块粒含量仅占 15%~30%,并不符合锅炉本身的设计燃料。一般情况下,经过合理的筛分、洗选和配煤处理后,若其中的灰分含量降低 10%,锅炉的燃烧效率大约可提高 1%。因此,需要按照锅炉系统本身的设计要求和使用情况,对煤进行筛分、洗选并合理配煤,或者采用炉前成型技术,选用适合设备燃烧的最佳燃料类型。此外,对于燃料的储存方面,企业也应当采取有效的防雨防潮措施。

从锅炉水质来看,全国约有 40%的锅炉未能充分利用水处理设备,不能达到国家要求的标准[《工业锅炉水质》(GB/T 1576)]。锅炉结垢对热效率的影响很大。

5.4.2.4　工艺方法因素

工艺方法因素一般包括流程的安排、工艺之间的衔接、加工手段的选择以及指导文件的编制等。该因素的影响主要包括两个方面:首先是工艺装备和参数方法选择的合理性与准确性;其次是贯彻和执行过程中方法的严肃性。

目前锅炉系统的运行自动化水平普遍偏低,因此完善的工艺操作方法和良好的执行制度能够有效提高运行效率。现有的锅炉燃烧节能技术包括低空气系数燃烧技术、富氧燃烧技术、充分利用排烟余热预热燃烧用空气和燃料技术等。其中,实现低空气系数燃烧的方法包括手动调节方法、用比例调节型控制、对燃料和空气的流量检测和调节控制、空气预热的空气系数控制系统等。此外,工业燃煤锅炉的燃烧新技术主要包括多功能均匀分层燃烧技术、分层层燃系列燃烧技术、抛喷煤燃烧技术、强化悬浮可燃物燃烧技术及分项分段系列燃烧技术等。这些工艺方法及燃烧技术的不断改进和应用能够显著提高锅炉系统的燃烧效率,从而提升其能源利用水平与节能效果。同时,制定完备的工艺操作流程和监督执行制度并有效实施,也是锅炉系统在工艺方法方面促进节能应当考虑的因素之一。

5.4.2.5　环境因素

环境因素包括微观环境和宏观环境两个方面。微观环境因素一般指锅炉房内的湿度、温度、照明、噪声干扰、室内净化和污染程度等。该因素主要涉及工作环境及基础设施等方面的内容,前者关系到工作人员的能动性和情绪,舒适的工作环境能够有效提升人员的工作积极性和工作效率。因此,保证锅炉房及其运行系统内的清洁、卫生、舒适的温度和湿度以及噪声控制等良好的工作环境将有效提高操作管理人员的工作满意度,从而有利于系统节能水平的提高。后者主要指锅炉系统顺利运行所必备的设施环境,如锅炉房设施的配备、锅炉管道的维护保养、锅炉本体设备及附属设施,以及企业在保证人员安全、运行安全等方面的设施等,对基础设施实施有效的管理使其处于最佳状态,同时完善各项配套计划和制度,是保证企业锅炉系统高效运行的基本条件。

宏观方面的环境因素是指在能源约束条件下,现有的能源政策和社会环境意识并没有对锅炉系统的节能构成强大压力。国家对煤炭等常规能源的使用缺乏严格有效的限制,在客观上造成了严重的资源浪费,并且社会范围内观念上普遍缺乏主动节约意识,严重影响新能源的开发、推广和利用。因此,应加强燃料的消费政策管理,适当提高常规能源的使用价格,从源头解决燃煤锅炉运行效率低、能耗量大的问题。此外,现有的节能激励政策尚不完善,应建立健全锅炉系统节能监督管理体系,完善相应节能监督管理机构的职能,针对锅炉等特种设备的管理、检查和监测要适应市场化要求,以进一步建立与现代市场经济相适应的锅炉系统节能战略长效激励机制。

5.4.2.6 测量及法则因素

测量因素主要包括针对锅炉系统现场检测和校验所使用的仪器仪表,测量和检测过程中所采用的方法和措施的正确性,以及有关检定规程、技术规范和操作规定,严格按照规程作业并采取正确有效的方法进行测量,该因素是保证锅炉系统安全运行和高效率的前提所在。如采用合理的抽样和取样方法,有效并准确地测量锅炉系统运行过程中的各项参数,将有助于对热效率等相关指标的计算与分析。

锅炉系统的法则因素主要指目前我国现有的关于锅炉系统运行管理及节能监测评价方面的标准和规程,其中,部分标准和准则并没有随着时代的发展而及时更新修订,如第一项与第二项的《锅炉大气污染物排放标准》和《锅炉通用技术条件》等,已经不能适应当前的锅炉系统节能工作需求。虽然这些准则和标准中制定了测试能效的标准等级和方法,但是鉴于锅炉系统的实际运行情况比较复杂,部分方法和要求的实际操作性和可行性仍有待进一步研究和讨论。

5.5 锅炉系统节能体系

5.5.1 锅炉系统节能效果评价指标体系的构建原则

锅炉系统节能效果评价是对锅炉节能降耗水平的反映,影响锅炉节能效果的因素众多,因此在选取指标和确定权重的过程中需要遵循相应的原则,并结合自身的特点,这样才使得构建的锅炉系统节能效果评价指标体系更加客观,更具科学性和有效性。

5.5.1.1 导向性原则

评价指标体系中各要素在体系中的级别划分、权重系数和具体评价内容等必须能够全面反映锅炉系统节能降耗工作的导向性。锅炉系统节能效果评价指标体系应当以节能作为主线,兼顾设备管理、运行管理、组织机构、制度建设、新技术和新工艺的开发与应用等各指标协调发展的思路,应当充分体现锅炉的节能降耗水平,从而有利于先进节能方法、途径和技术的推广。指标体系中指标的权重越大,越是企业开展节能工作的重点,只有在导向明确的评价指标体系的指导下,企业才能够准确衡量节能降耗的重心、明确重点,有助于制订行之有效的节能规划和节能实施方案。

5.5.1.2 科学性原则

最终评价结果准确的导向性要求设置评价指标的过程中要坚持科学性原则。为了保证锅炉系统节能效果评价指标体系的客观性和公正性,评价方法科学、有效,数据来源准确、可靠,一定要建立在对系统充分认识和研究的科学基础上,要能较为客观并真实地反映锅炉系统的节能降耗状况,并且能够较好地度量锅炉能效利用水平,更重要的是明确对指标的取舍性原则。各指标要素的分解要做到互不交叉、相互独立,指标的设置及其权重的动态性要反映不同阶段锅炉系统的能效利用水平和节能效果。指标体系的组合必须具有逻辑关系并且层次结构分明,易于区别各因素指标的主次。

5.5.1.3　系统性原则

锅炉系统节能效果的评估是整个节能系统的重要组成部分,是节能减排的关键环节。对于评价指标体系所涉及的数据统计资料和调查结果的收集、整理与汇总都需要贯穿整个评价系统的全过程。各准则层和因素层指标之间既相互独立又相互联系,共同构成一个有机统一的整体,能够全面反映锅炉系统的节能水平和能耗状况。指标的选择还要与评价目标紧密联系,在系统全面的基础上,选择能够有效反映锅炉系统能效水平的指标,而且要做到既反映直接效果又反映间接效果。评价体系不仅要全面反映所评估的信息,而且要通过锅炉能效评价的结果对如何提高能源利用效率予以反馈,只有这样,才能系统地评价锅炉能效利用各个方面的情况,对整个系统的节能工作予以诊断,使评价工作更具指导意义,从而促进节能水平的高效提升。

5.5.1.4　可行性原则

可行性原则可以从执行的可行性和测量的可行性两个方面加以考虑。构建评价指标体系必须建立在可行性原则的基础之上,否则评价工作就失去了实际意义,导致评价缺乏指导性和价值性。锅炉系统节能效果评价指标的选择要建立在现有的人力、物力、财力以及技术水平的基础上,尽可能利用现有的可获得的统计数据和调查资料,所设立的各要素指标具有可操作性,指标设置易于量化。关于各要素指标的统计数据和分析资料应当易于获得,如直接从相关部门、行业协会获得或者通过间接的调查整理分析取得。对于指标体系中的定性指标,需要合理运用定量化的分析方法将其量化,从而有利于对调查结果的最终分析处理。

5.5.1.5　过程监控原则

锅炉系统的节能工作涉及企业锅炉设备及其各能耗系统的各工序和运行维护环节,贯穿于企业的整个管理和生产全过程,要做到各环节紧密联系,形成一个有机的整体,就必须遵循过程监控原则,保证各指标在运行过程中都能够有效体现锅炉的运行和管理效率。尤其对于能效指标的评价更是如此,企业的生产过程是连续不间断的,要从能效角度进行科学评价,必须在锅炉系统的运行过程中进行实时监控并准确记录,保证其能够反映锅炉系统能效的真实水平。在运行管理指标中的经济运行和安全运行评价上,必须明确过程监控的指导性原则,对管理制度和组织机构等因素科学评估,才能提高最终评价结果的可靠性。

5.5.2　锅炉系统节能效果评价指标体系的框架

基于我国锅炉节能现状,构建评价指标体系应当遵循的原则,应当与锅炉系统相关评价标准进行综合运用,锅炉系统节能效果评价时,应从设施评价、能效评价、管理评价以及环保安全消防评价等四个方面入手,并逐层分析各准则层要素指标,构建一套锅炉系统节能效果综合评价体系。

锅炉系统节能效果评价指标体系,应坚持突出重点、兼顾全面的原则,主要以设施、能效、管理和环保安全评价四个方面作为一级指标,并按照各指标的具体评价内容逐级展开,分层评价。

5.5.2.1 设施评价指标分析

设施评价是对锅炉系统节能效果进行综合评价的基础,也是锅炉系统高效运行的基本保障。在该评价体系中,设施评价指标主要选取针对锅炉房和锅炉管道的设施进行评价。具体评价内容如下。

1.锅炉房评价

锅炉房系统应当在保证安全性能的前提条件下,降低水电和自用热以及其他能源的消耗,充分提高能源利用效率,以促进热能的高效回收和最大化梯级利用。

(1)锅炉本体及辅助设备。锅炉设备由锅炉本体和辅助设备两大部分构成,锅炉本体是整个锅炉系统评价体系的关键所在,对于锅炉本体的评价可以从以下几个方面进行考虑:一是系统内锅炉的数量和运行能力应当与整个锅炉系统的热负荷调节特性相符;二是锅炉的额定出水温度不应低于设计运行温度要求;三是除常压锅炉外,设备的承压能力应比整个锅炉系统的工作压力要高。辅机是保证锅炉正常运行、调节负荷必不可少的设备,对锅炉系统稳定运行以及提高能效利用率具有重要意义。如燃煤锅炉的输煤系统及鼓风机、引风机等装置应当设置调速装置,燃气和燃油锅炉应采用相应的比例调节燃烧器,以保证与锅炉本身的运行相匹配。

(2)水处理装置。水质对于锅炉的运行效率至关重要,并对能源利用效率水平造成影响。但并不意味着锅炉内壁的水垢越少越好,水垢过少或无水垢将不利于炉内温度的保温效果,从而影响设备热效率的提高。水质差易导致锅炉内壁水垢厚度超标,尤其对于小容量锅炉而言,极大地影响其热效率的提高。因此,对于锅炉系统的节能综合评价务必将水质因素考虑在内,对该指标的评价可以从两个方面进行,即锅炉系统水处理的能力不得小于其系统的正常补水量,并且不得低于循环流量的 2%;此外,锅炉的水质还应当符合现行的国家标准《工业锅炉水质》(GB/T 1576)以及《锅炉水处理设施运行效果与监测》(GB/T 16811)的相关要求。

(3)检测与自动控制装置。锅炉系统的检测与计量装置是准确衡量锅炉能效值的前提条件,只有保证翔实的检测与测量记录才能对锅炉系统的节能效果予以科学评估。因此,衡量该指标时应确保锅炉系统具备燃料计量装置、累计输出蒸汽量和燃料消耗量的计量仪表及装置、汽水流量、压力等检测与计量装置,能够正常运行并且对系统内的耗电量、耗煤量、供热量、给水量、介质补充量及燃料发热值等进行检测与记录,每台设备的补水量、循环水量、供回水温度和压力、燃料消耗量和输入输出温度等数据都具有详细记录,且在用仪器仪表应当定期校准或检定。

自动调节控制装置是锅炉系统有效运行的保证,设备在运行过程中能够有效识别各指标的变化并自动调节在与系统负荷相匹配的范围内。对该因素指标的评价应注意两点:一是锅炉房内设立供热和供电参数控制装置并且相互联动,二是锅炉设备的燃烧过程中的自动调节与控制。伴随着设备与节能技术和方法的更新与改造,检测计量和自动调节控制装置在锅炉系统节能中的地位愈加凸显,如何将设备系统的能效利用水平发挥到最优是企业重点关注的问题之一。

(4)循环水泵与定压补水装置。循环水泵作为企业锅炉系统的组成部分,其高效运行有利于锅炉设备的效率提升。对于这一因素指标的评价可以从以下几个层面展开:第一,循环水泵的温度、工作压力应与设备的设计参数相匹配;第二,水泵总流量与锅炉系统总设计流量相匹配,热网流量与运行工况计算流量相近;第三,各级循环水泵的总扬程与设计流量下热源、最不利环路的总压力损失相匹配;第四,应根据系统安全、设计阻力和循环流量选择热水锅炉循环水泵的数量,一般数量至少不低于 2 台;第五,对于变流量调节的锅炉系统,循环泵应采用调速泵,而调速泵的转速需自动调节控制。此外,定压补水装置应当保证锅炉系统在运行和静态工况下,任何一点不超压、不汽化、不倒空,并具有 30~50 kPa 的富余压力,以保证锅炉系统的压力处于合理范围内;补水泵的选择必须适应系统补水的需要,补水量不小于锅炉系统循环流量的 4%,不大于系统循环水量的 1%;蒸汽锅炉的给水泵应采用变速装置,并且按单元制运行。

(5)节能节水及其他辅机装置。节能节水以及其他配备的辅机装置等也是锅炉系统设施评价中的重要组成部分。节能节水装置的评价内容主要包括:一是燃油、燃气锅炉应当设立烟气热回收装置,对烟气余热量进行有效回收利用;二是燃煤锅炉除灰渣、除尘等用水的循环利用,烟气装置、除尘、除渣的凝结水要循环利用。锅炉系统的辅机包括引风机、送风机、二次风机、炉前燃料加工装置、炉排驱动装置、机械出渣装置、燃料加压输送装置、重油加热及机械雾化装置、蒸汽锅炉给水泵、热水锅炉或有机热载体锅炉介质循环泵等。其他辅机装置的配备需要与锅炉设备本身参数相匹配,满足主机的性能要求,应根据锅炉的额定出力、燃料品种、燃烧方式和烟风系统等选取相应的锅炉风机装置,其参数应根据空气含氧量、烟气的密度和温度以及当地的气压进行修正,配用风机的风量和风压能够满足额定出力下稳定运行的需要,具有足够的调节范围和灵活性;配备除尘脱硫装置,并与锅炉的额定出力及排烟系统相适应;锅炉出力大于 10 t/h 的蒸汽锅炉需配备连续排污扩容器装置,并采取相应的降碱措施。

2.锅炉管道评价

设施评价指标中对于锅炉管道的评价主要从两个方面进行考虑,即管道附件(阀门、补偿器、支架等)及管道的保温与防腐。

锅炉管道涉及的零部件若不符合要求,将造成巨大的安全隐患,也是影响节能效果的重要方面,因此必须具备产品合格证,型号和规格符合要求。如管道支干线首末端的重要阀门必须具有资质监测部门的严密性和强度检验合格证明,无泄漏现象;支架(包括固定支架、导向支架和滑动支架等)位置设计符合要求,安装、焊接和防腐符合规定;补偿器的安装位置、长度和补偿量等符合设计要求,其型号、规格与管道相适应等。

管道的保温与防腐对锅炉系统的热损失造成影响,因此要保证系统的节能效果,必须对管网进行保温和防腐处理,主要包括:金属管道必须采用相应的防腐措施;锅炉介质>50 ℃的管道需要采用保温措施,保温层外设有保护层,并且保护层外部的温度<60 ℃;保温及保护材料的厚度及材质符合要求,保温层完好,无脱落、破损现象。

5.5.2.2　能效评价指标分析

锅炉系统节能效果评价体系的核心就是对能效指标的综合评价,能效评价指标主要涉及锅炉的热效率和运行指标两个方面。其中热效率指标的子指标还包括排烟温度、排烟处空气系数、炉渣含碳量、炉体外表面温度等;运行指标主要包括定期维护保养、合理调整负荷及余热回收利用等。主要依据《锅炉节能监测方法》(GB/T 15317)、《锅炉能效限定值及能效等级》(GB 24500—2009)及《锅炉经济运行》(GB/T 17954)中关于锅炉能效的限定值和标准进行评价。

1.锅炉热效率

影响锅炉系统热效率的因素众多,着重从最主要的四个能效因素指标进行分析。

(1)排烟温度。排烟温度是反映锅炉排烟热损失的主要指标之一,而排烟热损失作为锅炉主要散热损失,最高可达 10%～20%。因此,在运行过程中,为了尽可能地降低排烟热损失,应当在满足燃烧需要的前提下尽可能避免燃料室和各部分烟道漏风,从而促使排烟温度达到最低水平。当然,并不是排烟温度越低锅炉的热效率水平越高,过低的排烟温度会使锅炉尾部的受热面增加,从而降低了其燃烧过程的经济性,还会导致通风阻力的增加,以至于增加引风机的耗电量。而且如果排烟温度低于烟气露点,会造成受热面腐蚀,最终危及锅炉的安全运行状态。因此,将排烟温度控制在合理的范围内,将有助于锅炉系统的安全与经济运行,同时有利于其系统节能效果的提升。

(2)排烟处空气系数。排烟处空气系数是衡量锅炉系统节能效果的一项重要指标,《锅炉节能监测标准》严格规定了对锅炉运行过程中过量空气系数的合格指标,并且将其作为系统经济运行的关键指标进行监控。一般情况下,虽然不同类型的锅炉均有最佳过量空气系数指标,但是在实践中基本会超过其设计值。排烟处空气系数过大易造成燃料与空气混合不均,导致一些区域空气不足而另一些严重过剩,致使炉内温度降低,排烟量增大,从而增加排烟热损失,不利于锅炉系统运行效率的提高。因此,应在尽可能使燃料得到充足的氧气充分燃烧的基础上,过量空气系数越低,使得燃烧过程经济性越强,企业锅炉系统节能效果越好。

(3)炉渣含碳量。炉渣含碳量是指部分燃料进入炉内,并未参与化学燃烧反应,而残留在灰渣中或通过其他途径被带出炉外而产生的热量损失,该指标主要用来反映锅炉系统的机械不完全燃烧热损失。针对装有机械除渣设备的锅炉,可以在出灰口处取样,炉渣样品数量不得少于总炉渣数量的 2%。因此,该指标越低,证明锅炉的热损失越小,其系统节能效果越好。

(4)炉体外表面温度。该指标主要用来反映锅炉系统燃烧的散热损失,散热损失是由于系统内的烟风道、汽水管道及炉墙、金属结构等表面温度高于外围环境温度,使得锅炉向周围环境散失的热量。由锅炉容量相对表面积的大小和外壁温度决定,外壁相对表面积愈大,温度愈高,其向周围环境的散失的热能也愈大。对于锅炉容量<35 t/h 的锅炉,散热损失占总输入热量的 1%～3.5%。因此,对于额定蒸发量(额定热功率)≤35 t/h(24.5 MW)的工业蒸汽锅炉和热水锅炉而言,炉体外表面温度的评价标准分别是侧面温度≤50 ℃和炉顶温度≤70 ℃。

2.运行指标

(1)定期维护保养。在锅炉系统的运行过程中,能否有效地对设备进行定期维护保养将严重影响系统的能源利用效率。企业应当制定相应的锅炉系统维护保养制度,并且责任到人,保证实施到位,配合相应的监督与奖惩工作机制,对制度的有效实施给予保障。企业应对其锅炉系统内所包含的锅炉本体设备、仪器仪表、辅机装置、锅炉管道和阀门等定期维护保养,若有异常情况发生,便及时处理并且进行详细记录,并对系统的能效情况进行日常检查和监测,锅炉使用燃料是否与设计燃料相符,补给水量和补给水温度、水电及燃料消耗量及介质出口温度和压力等均可以列为重点检查和监测的项目,以便在系统运行过程中及时发现问题并予以处理。

(2)合理调整负荷。合理调整负荷是锅炉系统得以稳定运行的保障,当负荷发生变化时,需随时注意监视锅炉的运行情况,并及时进行调整,不得超负荷运行;燃煤、燃气和燃油锅炉的运行负荷不宜长期低于额定负荷的70%和60%;否则,超负荷运行不仅会减少锅炉设备的使用寿命,还会形成企业生产过程中的安全隐患,增加事故发生率,不利于节能效果的改善。

(3)余热回收利用。对锅炉的余热进行有效的回收利用,将大大提高系统的能源利用效率。余热的回收利用包括排污热量、烟气热量及水的循环使用等方面:蒸汽锅炉的连续排污热量应进行合理利用,需根据连续排污总量设置排污扩容器,对于总容量>10 t/h的蒸汽锅炉,应配备连续排污扩容器和排污水换热器,以便有效回收排污热量,降低排污损失;燃气锅炉应采用半冷凝或全冷凝尾部热交换装置,回收烟气中的热量;锅炉设备及系统须杜绝“跑、冒、滴、漏”现象,对二次蒸汽、冷凝水和连续排污热量加以充分利用,采取措施尽可能提高可回收冷凝水的回收利用率;尽可能循环使用锅炉的煤闸板、循环水泵轴承和风机轴承的冷却水和水力除渣冲灰用水等。企业对锅炉及其系统产生的余热能否进行有效的回收利用,可以反映其节能降耗水平,也是系统能效评价的重要方面。

5.5.2.3　管理评价指标分析

管理评价是锅炉系统节能效果评价的关键因素指标和重点内容,将从基础管理、设备管理、运行管理和应急管理等四个方面进行评价,所建立的管理指标评价体系如下:

(1)基础管理指标。所建立的指标体系中,基础管理的因素层指标主要包括组织机构设置、制度管理、环境管理和信息化建设等四个方面。

首先,设置专门的组织机构对锅炉系统的能效进行管理是系统节能降耗必不可少的组织保障,组织机构的设置要做到合理分配人员结构,建立完善的组织管理和相应的绩效考核机制;其次,制度管理方面,需要建立完备的系统管理制度和经营机制,各类管理标准、技术标准和工作标准齐全,并确保能够有效执行;再次,环境管理上,至少做到工作环境整齐、清洁,锅炉系统的设备和设施标志齐全、清晰、明确,介质流向指示清晰;此外,信息化建设方面,需设有专人负责并且建立完善的系统资料收发管理制度,具有完备齐全的锅炉系统及设备安装竣工报告、安装投运验收记录、质量评定报告、系统竣工图、技术改造档案、节能环保监测档案及其他系统和设备运行的相关资料和图纸等,并建立以计算机管理为手段的网络办公管理和系统自动化监控系统等。

评价指标评价依据为:组织机构设置有合理的生产人员和管理人员结构,具有完备的组织管理体系和绩效考核体系;各类管理标准、技术标准和工作标准齐全,并且能够严格执行;具有完备科学的系统管理制度和经营机制,并且能够有效运行;工作环境清洁、整齐,责任明确;锅炉系统的设备和设施标志齐全、清晰、明确,介质流向指示清晰,设有专人负责并且建立完善的资料收发管理制度;具有完备齐全的锅炉系统及设备安装的竣工报告、质量评定报告、系统竣工图及系统和设备运行的相关资料和图纸,设立标准化的档案室；建立以计算机管理为手段的网络办公管理和系统自动化监控系统，并且使监控系统正常运行、功能完善。

（2）设备管理指标。对于锅炉系统的设备管理是进行系统节能效果评估的关键指标之一，该指标的评价可以从设备基础管理、运行维护管理、检修管理及事故管理等角度考虑。

设备基础管理指标是进行设备管理的前提条件，包括建立并完善系统设备台账、检修和运行规程，完备使用、维护及备品、备件的管理制度和设备的安全技术档案等。运行维护管理中，要强调设备维护保养计划的制订与有效实施，定期考察系统设备的完好率和可靠性等。检修管理评价指标中，重点在于检修质量保证监督体系的建立与完善，该体系必须对实施检修的全过程进行管理，包括计划、实施、验收等各个环节的管理。事故管理方面，首先要注意采取措施对事故进行有效预防，若事故发生后，一定要坚持“三不放过”原则，即在调查处理事故过程中，必须坚持事故原因分析不清不放过，事故责任者和群众没有受到教育不放过，没有采取切实可行的防范措施不放过。

评价指标评价依据为：设备基础管理应建立完善锅炉系统设备台账，并清晰、完整、准确地记录系统设备的运行维护与检修状况等；建立完善锅炉系统设备的检修和运行规程，并保证各规程准确、完整、符合实际，至少每年审核一次；建立健全各锅炉系统设备的使用、维护、检修管理以及备品、备件管理制度，并且能够有效实施，建立健全在用锅炉安全技术档案，保证设备完好；安全技术档案的内容应符合《特种设备安全监察条例》的相关规定，包括安装投运验收记录、技术改造档案及节能环保监测档案等；各岗位配备相应的制度和规程，岗位人员需掌握并遵守制度与规程，并且定期进行考核；具有锅炉系统设备维护保养计划，并且能够按计划实施；严格执行锅炉系统设备的巡回检查制度及设备定期试验维护轮换制度，并且具有翔实的记录；锅炉系统设备应定机定人管理，具有相应的任务表并且与现场相符合；锅炉系统设备完好，应具有定期评定，完好率多在 98%；锅炉房运行可靠度在≥85%；编制检修规程，并严格执行，具有大小检修总结资料和技术资料；建立完善检修质量保证监督体系，实施检修全过程管理（包括计划、实施、验收等各环节），对检修质量进行严格评价，并按程序验收；外包大修工程执行工程监理制、招标投标制、合同制管理；加强事故的预防管理，减少各类事故的发生，锅炉系统设备事故率控制在≤2%；坚持“三不放过”原则，严格执行事故调查与处理程序，对发生的事故及时上报并且有翔实记录。

（3）运行管理指标。该指标的评价主要从经济运行管理、安全运行管理、节能管理和环境保护管理等四个方面进行综合考量。

锅炉的经济运行是指在保证安全可靠、保护环境和满足供热和生产需求的前提下，通过科学管理及技术改造创新，提升运行操作水平，使企业锅炉系统实现高效率、低能耗的工作状态。要达到锅炉系统的经济运行目标，需要做到以下两点：一是建立锅炉系统经济运行各项考核制度，制定经济运行年度目标，编制经济运行计划（具体为年度、季度、月度）；二是建立运行调度指挥系统和运行联系制度，调度准确，运行调节及时，运行记录详细、健全等。

评价指标评价依据为：安全运行管理树立安全第一的思想，建立安全培训和检查制度,并且有效实施;严格执行现行行业标准的相关规定,要求持证上岗的岗位必须持证上岗;建立健全分层次、系统性的安全运行保证体系和监督体系;制定"两票三班"的安全管理制度,即操作票、工作票、交接班制、设备定期试验维护轮换制、设备巡回检查制,内容完善,认真执行;坚持安全例会制度,并且做好详尽记录;节能管理建立各类能耗台账,原始资料齐全;能源计量器具配备率和检测合格率达到 100%;建立节能领导机构,配备专职或兼职节能管理人员,职责明确;建立完善的能耗管理制度,并且严格执行;制定相应的节能规划和节能实施细则;各项能耗具有定额,制定完善的考核制度,并且严格执行;环境保护管理设立专职或兼职环保管理人员,并且职责明确;基础数据准确、完整;建立并完善相应的环保监督管理制度;严格执行国家和地方政府的环保法律法规,排放达标。

(4)应急管理指标。应急管理是企业锅炉系统应对突发事件能力的体现,从侧面反映了系统节能降耗和安全高效运行管理的综合水平。针对该指标的评价可分为机构设置、应急保障、应急预案和监督管理等四个方面。其中,机构设置是前提,监督管理是保障,应急保障和预案是重要依据。

评价指标评价依据为:①机构设置。设立锅炉系统应急管理领导小组,各类人员齐全,职责明确。②完备的应急管理体系和绩效考核制度。③应急保障。抢修机械和工器具齐全完备,保证及时使用;抢修备品、备件和材料齐全、充足;各专业抢修队伍组织齐全,职责明确;各项抢修技术方案齐全、完整,技术图纸和资料完备。④应急预案。编制锅炉系统各类事故应急预案,预案内容齐全,措施得当,可以有效实施。⑤监督管理。根据编制的事故应急预案编制反事故演练培训计划,并且能够按计划实施,有详细记录;进行定期检查考核,建立相应的奖惩机制。

5.5.2.4　环保安全评价指标分析

锅炉系统的环保安全指标是其提高能源效率和节能降耗水平的重要支撑,只有在保证锅炉系统安全环保运行的基础上,才能达到更好的节能目标,以牺牲环境和安全问题为代价的节能是徒劳和无意义的。该指标主要从两个方面进行评价:环境管理指标和安全管理指标。建立的环保安全评价指标体系如下:

(1)环境管理指标。锅炉的运行将会产生大气污染、水污染及噪声污染等,企业在生产过程中必须加以有效治理,降低对生态环境的破坏。锅炉燃烧的大气污染主要表现在烟尘污染、二氧化硫污染、氮氧化物污染和碳氧化物污染等方面。因此,对于环境管理的评价可以从环保取证、污染排放及噪声控制等角度考虑。

环保取证是指企业锅炉系统内锅炉房必须取得环保部门的合格证,并且处于有效期内。污染排放指标的评价内容包括:以软化水为补给水或单纯采用锅内加药处理的锅炉排污率≥10%,以除盐水为补给水的锅炉排污率<2%;燃煤锅炉的灰渣及烟气脱硫装置的脱硫副产品应综合利用;煤场和灰渣场的位置符合设计要求,并且采取相应的防尘扬尘措施;锅炉水处理装置及辅助设施等排出的各种废液或废渣,必须进行收集处理,不得采取任何方式排入自然水体或任意抛弃;锅炉系统排放的各类污水,应符合现行国家标准《污水综合排放标准》(GB 8978)中的相关规定,符合受纳水系的接纳要求;锅炉房排放的大气污染物,应符合现行国家标准《锅炉大气污染物排放标准》(GB 13271)的有关规定,还应符合当地相关环保标准的要求等。

评价指标评价依据为噪声控制。锅炉辅助设备应选用低噪声产品(包括水泵、风机、煤的破碎和筛选装置等),产生噪声的设备应配置减振或隔振装置;锅炉系统运行产生的噪声应符合现行国家标准《声环境质量标准》(GB 3096)的相关规定;设备间的噪声仪表控制室和化验室噪声<70 dB,设备操作间和水处理间操作噪声<80 dB。

(2)安全管理指标。锅炉系统的运行必须以安全原则为前提,保证操作人员安全和机械设备的顺利运行,避免锅炉爆炸等威胁人员生命安全和企业经济损失的事故发生。安全管理指标可以从压力容器及阀门、人员安全防护和电力及其他特种设备等方面进行评价。

锅炉系统所采用的压力容器及阀门,必须按照国家市场监督管理部门的相关要求进行定期或周期检查,并且取得安全检查的合格证或合格报告。人员安全防护指标的评价包括以下几方面:一是企业应执行《特种设备作业人员管理办法》,对运行操作人员进行安全经济运行培训考核,必须持证上岗,对于总容量>10 t/h 或 7 MW 的锅炉系统,需配备专职专业技术管理人员;二是特种设备作业人员必须取得国家特种作业人员证书方可从事相应的作业,并做好日常安全维护和问题整改记录;三是对于从事强电作业、高空作业、煤破碎和筛选、灰渣处理、电焊等有危险和危害的操作人员应按安全生产监督管理部门要求,做好相应的安全防护,并取得相应检查验收合格报告等。此外,锅炉系统所采用的电力设施和其他特种设备,必须满足供电部门及相应特种设备的使用要求,并且定期进行检查维护,并取得供电部门及相应特种设备管理部门的检定合格证或合格报告等。

5.5.3 锅炉系统节能效果评价指标权重的确定

5.5.3.1 层次分析法概述

层次分析法是由美国匹兹堡大学 T.L.Saaty 教授于 20 世纪 70 年代中期提出的,是一种定性与定量相结合的多目标决策分析方法,该方法可以用来测量被评价对象的优先次序或素质评估的权重。他认为,对于系统的研究首先是对其层次性的研究,任何系统均可以在空间或时间上逐级分解为不同层级的系统,形成树状的层次结构,通过对系统本质特征的反映,有助于进行分析与决策。

层次分析法根据系统工程原理对各要素进行排序,将复杂问题转化为有序的递阶层次结构模型,通过对各要素之间的两两比较,对决策方案进行优劣排序。该方法将复杂的系统进行整体分解,把多目标、多准则的决策问题化为多层次、单目标的两两对比,最后通过数学运算来解决问题。其基本操作步骤如下。

1.建立递阶层次结构

运用层次分析法做决策分析时,首先要将需解决的问题进行层次化,将复杂问题分解为各元素的组成部分,构建层次结构模型。按照元素的相互关系及属性进行分解,下一层级的元素以上一层级为准则,大体可以分为三个层次:①目标层。作为决策问题的目标和分析过程的预定结果,是整个层次结构的最高层,只有一个元素。目标层元素为锅炉系统节能效果评价。②准则层。该层次元素作为实现目标的中间环节,是层次结构的中间层,可以分为主准则层和分准则层多个层次,包括若干个所需考虑的元素。③方案层。是指为实现决策目标所提供的各种决策方案或选择,处于整个层次结构的最底层。

运用层次分析法所构建的锅炉系统节能效果评价指标体系为三级评价指标体系，其中包括四个一级指标，或者主准则层指标，即锅炉系统的设施评价、能效评价、管理评价和环保安全评价等项目；每个主准则指标下设有不同的要素，共 10 个二级指标，或者称为分准则层指标；在每个分准则层指标下设有因素层指标，共 36 个三级指标。该指标体系比较全面地概括了影响锅炉系统节能效果的不同要素，这种从纵向分析其要素内容的结构具有良好的层次性和系统性。

2.构造比较判断矩阵

在建立递阶层次结构之后，接下来将根据各层次之间的相互隶属关系计算某一层元素在与其相关联的上一层次元素中的权重。构造比较判断矩阵是确定各准则层指标要素权重的前提，是指对处于同一层次的各要素相对于上一层要素的重要性进行两两比较，将指标体系中各层次因素两两比较得出判断矩阵中的各个数值。

3.一致性检验

在构造判断矩阵之后，需要计算矩阵的最大特征值，并由特征方程得出相应特征向量，对其进行归一化处理，最终得出各因素指标的权重系数。首先计算判断矩阵中各行元素乘积的 n 次方根，并将其作归一化处理，然后用特征根法求出判断矩阵的最大特征值，然后引入平均随机一致性指标来度量不同阶段判断矩阵是否具有满意的一致性，并比较判断矩阵的一致性可以接受，否则需要对判断矩阵作适当的修正，在通过一致性检验后，最终得出各指标的权重。

5.5.3.2　基于层次分析法的节能效果评价指标权重确定

利用层次分析法来确定锅炉系统节能效果评价指标体系中各指标的权重，以已构建的评价指标体系框架为基础，构建比较判断矩阵，从而得出各因素指标的相对重要性。在该指标体系中，需要确定准则层和因素层的权重，其中准则层分为主准则层和分准则层两级，依据上述方法和理论模型来确定指标体系的权重。

1.确定准则层权重

(1)主准则层指标。构造一级指标即设施指标、能效指标、管理指标和环保安全指标等的比较判断矩阵，并进行一致性检验。

(2)分准则层指标。建立各二级指标的判断矩阵，分别对设施评价指标中的锅炉房指标和锅炉管道指标构造判断矩阵，建立能效评价指标中的热效率和运行指标的比较判断矩阵，管理评价中基础管理、设备管理、运行管理和应急管理四项指标的判断矩阵，环保安全管理指标中环保管理指标与安全管理指标的比较判断矩阵，并通过一致性检验。

2.确定因素层权重

在准则层指标权重确定后，接下来应当对各因素层指标中的 36 项指标要素的权重系数予以计算，其方法与上述指标权重系数的计算相同。

判断矩阵均通过一致性检验，将最终结果汇总得出锅炉系统节能效果评价指标体系的权重系数表，同时根据各指标要素的权重系数对其进行重要性排序。从各指标权重的排序结果可以看出，能效和管理两个指标的重要性相对较高，能效评价排在首位，其次是管理评价和设施评价，最后是环保安全评价指标。关于二级指标的排序方面，其重要性依次为热效率指标、运行管理指标、运行指标、锅炉房指标、设备管理指标、安全管理指标、基础管理指标、锅炉管道指标、应急管理和环保管理指标。对于三级指标而言，指标重要性排在前十位的分别是排烟处空气系数、安全运行管理、排烟温度、合理调整负荷、经济运行管理、运行维护管理、炉体外表面温度、人员安全防护、锅炉本体及辅助设备和锅炉管道的附件配备。这些重要性排序靠前的指标要素是提高锅炉系统节能效果的关键要素，也是企业锅炉系统节能降耗工作的重点。因此，锅炉系统节能效果评价指标体系权重排序情况，能够为企业的节能管理部门提供科学的决策参考依据。

5.6 锅炉系统节能效果评价

5.6.1 模糊综合评价法

模糊综合评价法(Fuzzy Comprehensive Evaluation，FCE)是以模糊数学理论为基础的，该方法在实践应用中被证明是较为有效的评价方法。模糊数学通过利用隶属度函数以描述现象差异的中间过渡，突破了古典集合论中属于和不属于的绝对关系，是精确性对模糊性的一种逼近。运用模糊数学解决实际问题的基础是准确确定隶属函数，对于一个确定的模糊集合来说，隶属函数基本上体现了其所有的模糊性。隶属函数的值称为隶属度，其取值是在闭区间[0,1]范围内，是对模糊概念的定量描述。模糊数学所研究事物的概念本身是模糊的，概念外延的模糊造成的不确定性即为模糊性。随着研究对象趋于复杂化，对系统的控制精度要求越来越高，模糊数学理论刚好解决了复杂性与精确性形成的矛盾。该理论对于描述现实经济现象中的模糊性具有重要的实践意义，综合考虑某个现象或事物的各影响因素，并对其优劣性做出科学系统的评价，能够对反映事物的多方面因素进行较为全面和定量化的评价，是一种有效的评价方法和模型。多级模糊综合评价的具体操作步骤如下：

当因素集 U 的元素较多时，每个因素的重要程度系数也就相应较小，这时系统中事物之间的优劣次序往往难以分开，从而得不出有意义的评价结果。对于这种情形，可以把因素集中的元素按某些属性分成几类，先对每一类(因素较少)做综合评价，然后对评价结果进行“类”元素的高层次的综合评价。

模糊综合评价法提供了一种利用模糊矩阵运算的科学方法。锅炉系统节能效果评价涉及的要素指标众多，各指标的权重系数也不尽相同，很多涉及管理因素指标量化存在难度，只能采用相应的等级评语来评价，具有模糊性和非确定性的特点。此外，对于锅炉能效的评价是一个系统综合的过程，对于各指标的影响程度或比重需要进行定量化，而模糊隶属度函数能够满足模糊化的特点，可以满足权重确定以及评价综合性的特征。因此，针对锅炉能效的评价应用模糊综合评价法具有科学性和可行性。

由于锅炉系统结构的复杂性，其运行过程中具有层次性、模糊性、相关性等特点，因此其节能效果评价是一个复杂的、系统的过程。选用模糊综合评价法对锅炉系统的节能效果进行评价，主要是基于现有的两类评价方法，即针对定性化和定量化指标的评价。在对锅炉系统的能效评价中，一类是可以量化计算的指标，如能效评价中的热效率指标、炉渣含碳量、排烟处空气系数、炉体外表面温度、排烟温度等，这些因素层指标都是可以通过测量或计算得到量化数值的；另一类是对于管理及其他评价中需要采用专家或被调查对象主观评价的指标，这些定性的指标在操作过程中如何进行有效量化是需要重点考虑的问题。显然上述方法具有一定的片面性和主观性，不能全面反映锅炉系统的实际能效状况，而模糊评价法正好可以利用模糊数学的理论将定量指标和定性指标整合到一个有机的系统中，弥补了以上不足，具有结果清晰、系统性强的特点。故运用模糊综合评价法，对锅炉系统节能效果进行有效评估。

锅炉系统节能效果评价指标体系共分为三个层次，在进行综合评价过程中，首先从三级指标的综合评价开始，逐级进行评价，最终得出模糊综合评价结果。

5.6.2　建立因素集和评语集

5.6.2.1　因素集的建立

此处在建立因素集的过程中直接采用前文中层次分析法所构建的因素集作为模糊评价的因素集。

1.准则层因素集

(1)主准则层因素集的建立

$$U=\{U_1,U_2,U_3,U_4\}$$

其中，U 为锅炉系统节能效果因素集合；U_1为设施评价指标；U_2为能效评价指标；U_3为管理评价指标；U_4为环保安全评价指标。

(2)次准则层因素集的建立

$$U_1=\{X_1,X_2\}$$

其中，U_1为设施评价指标因素集合；X_1为锅炉房；X_2为锅炉管道。

$$U_2=\{X_3,X_4\}$$

其中，U_2为能效评价指标因素集合；X_3为热效率；X_4为运行指标。

$$U_3=\{X_5,X_6,X_7,X_8\}$$

其中，U_3为管理评价指标因素集合；X_5为基础管理；X_6为设备管理；X_7为运行管理；X_8为应急管理。

$$U_4=\{X_9,X_{10}\}$$

其中，U_4为环保安全评价指标因素集合；X_9为环保管理；X_{10}为安全管理。

2.指标层因素集

$$X_1=\{Y_1,Y_2,Y_3,Y_4,Y_5\}$$

其中，X_1为锅炉房评价因素集合；Y_1为锅炉本体及辅助设备；Y_2为水处理装置；Y_3为监测与自动控制装置；Y_4为循环水泵与定压补水装置；Y_5为节能节水及其他辅机装置。

$$X_2=\{Y_6,Y_7\}$$

其中，X_2为锅炉管道评价因素集合；Y_6为附件配备；Y_7为保温与防腐。

$$X_3=\{Y_8,Y_9,Y_{10},Y_{11}\}$$

其中，X_3为热效率评价因素集合；Y_8为排烟温度；Y_9为排烟处空气系数；Y_{10}为炉渣含碳量；Y_{11}为炉体外表面温度。

$$X_4=\{Y_{12},Y_{13},Y_{14}\}$$

其中,X_4为运行指标评价因素集合;Y_{12}为定期维护保养;Y_{13}为合理调整负荷;Y_{14}为余热回收利用。

$$X_5=\{Y_{15},Y_{16},Y_{17},Y_{18}\}$$

其中,X_5为基础管理评价因素集合;Y_{15}为组织机构设置;Y_{16}为制度管理;Y_{17}为环境管理;Y_{18}为信息化建设。

$$X_6=\{Y_{19},Y_{20},Y_{21},Y_{22}\}$$

其中,X_6为设备管理评价因素集合;Y_{19}为设备基础管理;Y_{20}为运行维护管理;Y_{21}为检修管理;Y_{22}为事故管理。

$$X_7=\{Y_{23},Y_{24},Y_{25},Y_{26}\}$$

其中,X_7为运行管理评价因素集合;Y_{23}为经济运行管理;Y_{24}为安全运行管理;Y_{25}为节能管理;Y_{26}为环境保护管理。

$$X_8=\{Y_{27},Y_{28},Y_{29},Y_{30}\}$$

其中,X_8为应急管理评价因素集合;Y_{27}为机构设置;Y_{28}为应急保障;Y_{29}为应急预案;Y_{30}为监督管理。

$$X_9=\{Y_{31},Y_{32},Y_{33}\}$$

其中,X_9为环保管理评价因素集合;Y_{31}为环保取证;Y_{32}为污染排放;Y_{33}为噪声控制。

$$X_{10}=\{Y_{34},Y_{35},Y_{36}\}$$

其中,X_{10}为安全管理评价因素集合;Y_{34}为压力容器与阀门;Y_{35}为人员安全防护;Y_{36}为电力及其他特种设备。

5.6.2.2 评语集的建立

评语集的确定对于模糊综合评价的最终结果具有重要意义,科学的确定评语集将会提高综合评价结果的有效性,从而有利于提升实际应用中的决策能力。以被调查者对所评价对象的评价结果为依据来确定评语集,采用5等级评语集,即:

$$V=\{V_1,V_2,V_3,V_4,V_5\}$$

其中,V为评语集合;V_1为非常好;V_2为较好;V_3为一般;V_4为较差;V_5为非常差。

5.6.3 建立模糊评价矩阵

在确定了因素集和评语集后,需要进行单因素评价,即调查对象(评价者)根据评语集的要求独立地对每个评价因素指标进行评价,得出隶属度矩阵构成单因素评价。对锅炉系统节能效果进行的评价,是对指标体系中的各评价因素分别给出评价等级,根据对各因素指标的评价统计数据,通过归一化处理后,建立单因素评价矩阵。

5.6.4 模糊综合评价结果分析

由模糊综合评价值可以得出该锅炉系统的节能效果总体处于哪类水平、设施指标和能效指标的相对水平、管理指标中的基础管理水平,以及次准则层指标的评分值具体分布情况。根据模糊综合评价模型的评价结果可以反映出某个锅炉系统的节能效果。在评价中应注意以下几点:

(1)系统中的次准则层指标——锅炉房的评价是针对锅炉本体及辅助设备、水处理装置、检测与自动控制装置、循环水泵与定压补水装置及节能节水与其他辅机装置等5项因素层指标的综合评价,最终得出的量化评分值,与评语集中的节能效果等级相对应。通过对5项指标的综合评价结果,可以推断出该锅炉系统中,锅炉房各项因素指标的总体节能效果等级水平。

(2)设施评价中锅炉管道指标的评价过程是针对管道的附件配备和保温与防腐两项因素层指标的综合评价,最终得出的量化评分值与评语集中的节能效果等级相对应。由此得出该锅炉系统中管道指标的节能水平。当锅炉系统各项附件配备齐全,采取了保温防腐措施,能够有效防止热量的损失时,有利于整个锅炉系统热效率的提高。

(3)能效评价中的热效率指标综合评价主要由锅炉的排烟温度、排烟处空气系数、炉渣含碳量、炉体外表面温度等4项因素层指标构成,其定量化评分值与评语集中的节能效果等级相对应。运行指标主要是通过对定期维护保养、合理调整负荷和余热回收利用等三个方面进行综合评价的,最终得到的评分值对应于评语集中的节能效果相应水平。

(4)管理评价中的基础管理指标主要对组织机构设置、制度管理、环境管理和信息化建设管理等4项因素层指标进行综合评价;应急管理指标是对机构设置、应急保障、应急预案及监督管理等4项三级指标的综合评估,这两项指标的评价结果均与评语集中的等级相对应。评价可以表明该锅炉系统基础管理水平高低,人员结构配备是否合理,组织管理体系和绩效考核机制是否健全,系统管理制度是否完备,在信息化建设方面是否有相应的系统自动监控系统,部分系统和设备报告及资料是否齐全。是否有完备的应急领导小组及管理体系,应急预案及保障措施是否健全,是否对应急培训和管理机制进行有效监督。

(5)设备管理指标的评价是对设备基础管理、运行维护管理、检修和事故管理等4项三级指标的综合评估,得到的评分值对应评语集中的相应水平。运行管理指标所对应的三级指标分别为经济运行管理、安全运行管理、节能管理及环境保护管理等4项,其评分值也与评语集中的等级相对应。该指标可以表明锅炉系统在设备基础管理和运行维护保养计划的制订与实施方面是否需要加强,是否建立完善的系统经济运行各项考核制度,是否制定经济运行年度目标,是否编制经济运行计划,是否建立健全分层次、系统性的安全运行保证体系和监督体系,是否建立完善的能耗管理制度和考核制度,并且严格执行,是否制定合理可行的节能规划和各项节能实施细则、各项能耗具体定额。

(6)环保管理和安全管理指标所对应的三级指标分别是环保取证、污染排放、噪声控制和压力容器与阀门、人员安全防护、电力及其他特种设备等各3项指标的综合评价结果,其评分值分别对应于评语集中的相应水平。由此可以推断出,锅炉系统的环保安全管理水平与能效指标和管理指标水平,是否较好地实施环保和安全管理措施,从而为其系统内整体节能效果的提升提供有效保障。

锅炉系统节能效果模糊综合评价的具体运用,可以对各级指标进行模糊评价,根据调查数据计算得到相应的评分值,并最终利用评语集确定其评价等级,然后根据模糊综合评价结果分析其系统的节能效果水平。通过对模型的应用,可以证明模糊综合评价法的科学性和有效性,为锅炉系统的节能评价提供了科学可行的评价方法,能够对中锅炉系统的能源利用水平和节能现状进行有效的综合评估,为锅炉系统进一步开展节能降耗工作提供参考依据。

锅炉系统的节能效果评价是一个复杂的系统评价过程，利用模糊综合评价法，可以构建锅炉系统节能效果评价指标体系，该指标体系可以解决当前针对锅炉系统研究的技术性倾向问题，增加对锅炉的科学化管理和技术经济性管理，并可根据指标的隶属度和应用结果，做出针对性较强的提高企业锅炉系统能效水平的对策，这既提高了经济利益，同时还有利于资源节约型、环境友好型社会的发展。

第6章　锅炉节能远程监控系统

目前,许多企业在锅炉实际使用过程中,对锅炉的管理还是依赖实际操作人员的经验,导致实际使用的锅炉虽然采用了多种先进的节能技术,但这些节能技术相关设置是否正确,是否发挥应有的作用,节能技术与当前的使用状况是否匹配,是否存在技术多余甚至拖后腿的情况等问题并没有引起足够的重视。因此,实时掌握锅炉的整体能耗水平,对节能技术的实际应用效果,以及锅炉的能效提升都具有积极的实际意义。

随着计算机技术的发展,由计算机系统负责锅炉运行数据的采集、分析、记录包括参数超过一定数值时的自动报警,这些已更加普遍。当前,国内外对锅炉智能控制的研究主要在电站锅炉,比如采用DCS控制和基于OPC技术与PLC的锅炉控制系统,尤其是在燃气发电锅炉中,DCS系统可根据负荷单独调节每个燃烧器的阀门、风阀,实现最佳经济运行的效率,同时DCS还能集成炉膛安全监控系统,对关键的安全参数实施不间断的控制,从而确保锅炉在安全和节能之间取得平衡。由于DCS系统价格较高,数量较多的中小型锅炉还是采用传统的PID控制。PID控制虽然具有一定的自动控制能力,但锅炉在实际运行过程中往往有非线性、随机性等特点,且参数设定较为复杂,不能较好地适应目前节能减排的形势。为此,目前出现了一种以模糊PID算法为基础的锅炉温控技术。与单纯的PID控制相比,调节时间短,具有超调量小、振荡周期短的特点,实现更为精细的温度控制,以实现节能的目的。

以上自动控制系统,从不同角度出发,对锅炉的节能给出了不同的方案,但都是从单一的问题入手提供锅炉的节能措施。能收到一定的节能效果,但我国锅炉系统面临着煤炭质量不稳定、企业管理水平偏低、中小型锅炉分布不集中等实际情况,不能持续地实现锅炉能效的提升。同时,面对动态的锅炉运行状况,又不能及时地进行人为的干预。因此,建立一套远程监测系统,对设计锅炉能效的各参数进行实时监控,对能效异常情况做出及时反馈,是解决锅炉节能的新思路、新方法。通过设计合理的锅炉节能远程监测系统,可以利用现场安装的一系列传感器,实现对锅炉安全、节能、环保等参数的实时收集,并通过网络传送到监测中心的服务器,并由专门软件和技术人员进行处理、分析和反馈,来提高锅炉的热效率。

我国锅炉能效状况不容乐观,主要存在以下几个方面的问题:

(1)锅炉使用过程中存在的缺陷。锅炉在使用过程中普遍存在高能耗、高污染、低效率、低自动化的问题。同时,作业人员流动性高,主体责任意识不强,对锅炉运行状态没有进行实时观察,导致锅炉低效率运行的情况较普遍。

(2)行政监管薄弱。目前由于体制限制,从事特种设备监管的人员数量已远远不能满足当下的设备数量。特别是在锅炉领域,由于其量大面广,难以实施有效监管。同时也无法对每台锅炉的运行情况、检验情况、能效测试情况等实施全面跟踪,使得监管盲点较多。

(3)能效要求进一步提高。在日常对锅炉实施能效管理,一般是依据锅炉的能效测试报告,根据报告的情况,再结合企业和设备的实际情况进行锅炉能效的整改提升。但是由于实际存在的困难,整改提升后收效往往只能持续较短一段时间,持续性不强,往后锅炉运行又恢复到原来状况。

(4)节能工作的重要性进一步凸显。随着全社会对节能工作重视程度的提高,要求开展能效测试的企业数量增多,但能效测试机构的人员、设备不能及时补充,未能有效开展工作,同时锅炉由于处于连续运行的状况,一次测试具有较强的偶然性,使测试数据碎片化,不能全面反映该台锅炉运行的真实情况。

基于以上问题,锅炉能效应采取远程监测系统,通过科学的数据监测,实时采集锅炉运行的各类参数,并将采集到的数据及时准确地传送到控制中心,提高锅炉能效的工作效率,解决人机配备不足的矛盾,能在大数据时代,积累锅炉运行的各类数据,为今后开发锅炉安全与节能设备、技术提供全方面数据支撑。

6.1　锅炉节能远程监测装置

6.1.1　监测装置组成方案

锅炉远程监测装置主要包括各种传感器、现场控制柜、监测中心服务器、网络传输构建设备和显示屏等。远程监测系统利用锅炉上安装的传感器采集数据,并通过电缆连接到现场控制柜,采用 PLC 对锅炉的运行参数进行实时数据收集、存储,经网络传输模块远程传输到监测中心的服务器,采用专用软件进行分析处理,实现远程的监测、报警显示、运行状态分析和管理等在线功能。

6.1.1.1　监测原则工作流程

(1)通过现场对锅炉安装一系列传感器,实现对锅炉安全、节能、环保等参数可靠采集,这些参数主要包括蒸汽压力、蒸汽温度、高低水位、鼓引风机运行信号、运行及综合报警信号等;节能参数:排烟温度、烟气氧浓度、给水温度、环境温度、水质硬度、耗电量、燃料发热量及工业分析、漏煤含碳量、飞灰含碳量、炉渣含碳量等。

(2)采用 PLC 进行实时监测、数据收集、存储。

(3)并通过网络系统(GPRS/4G/ADSL)远程传输到远程监测中心服务器和大屏幕上。

(4)再利用专用软件对其进行处理,从而实现对运行锅炉信息的实时显示、报警显示、报表打印、数据分析、运行管理等远程在线监测功能。

(5)一旦监测中心工作人员发现监测数据存在异常,就会及时对监测数据进行分析。

(6)通过多媒体的形式将分析结果反馈给用户单位。

锅炉远程监测系统的最终目的是建立一个发现锅炉运行能效问题、专家解决问题、及时反馈问题的机制,在动态中真正实现锅炉的节能运行。

6.1.1.2　网络基本构架

目前,锅炉远程监测系统网络基本构架主要有 ADSL 宽带网络布置和 4G 或 GPRS 无线网络布置两种方式。

1.ADSL宽带VPN分支网络布置

为基于中心VPN服务器与ADSL宽带VPN分支的网络布置方式,该布置方式的网络条件如下:

(1)监测中心:宽带接入,具备固定IP地址。

(2)锅炉房监测点:要有ADSL宽带接入。

2.4G或GPRS分支的网络布置

锅炉远程监测系统一般采用基于中心VPN服务器与4G或GPRS分支的网络布置方式,该布置方式的网络条件如下:

(1)监测中心:宽带接入,具备固定IP地址。

(2)锅炉房监测点:无线通信信号良好,可实现4G无线上网或GPRS拨号。而目前大多数锅炉房都没有宽带接入。

3.远程监测中心设备组成

远程测中心的控制工作在锅炉现场一般由远程控制柜完成,远程控制柜一般主要由三个部分构成:锅炉远程监测装置控制柜、控制柜内部构成、控制柜内主要设备电路连接构架图。

6.1.2　信号采集与热效率分析

6.1.2.1　信号采集

1.燃油(气)锅炉需要采集的信号

(1)变量信号(需装传感器):软水硬度、蒸汽压力、蒸汽温度、给水温度、环境温度、排烟温度、排烟氧含量。

(2)状态信号(由该锅炉控制柜接出信号):运行信号、电流、电压、高水位、低水位、综合报警。

(3)根据以上信号参数得出的在线运算信息,包括根据排烟氧量得出的过量空气系数、锅炉热效率、锅炉房耗电功率等。

2.燃煤锅炉需要采集的信号

(1)变量信号(需装传感器):蒸汽温度、蒸汽压力、给水温度、排烟温度、排烟氧气含量、环境温度、软水硬度。

(2)状态信号(由该锅炉控制柜接出信号):鼓风机启停、电流、电压、高水位、低水位、综合报警。

(3)根据以上信号参数得出的在线运算信息,包括根据排烟氧量得出的空气过量系数、锅炉热效率、锅炉房耗电功率等。

6.1.2.2　热效率分析方法

在用锅炉热效率计算采用《锅炉能效测试与评价规则》(TSG G0003)中锅炉运行工况热效率简单测试规则,测试项目为:

(1)排烟温度;

(2)排烟处过量空气系数;

(3)排烟处 CO 含量;

(4)入炉冷空气温度;

(5)飞灰可燃物含量;

(6)漏煤可燃物含量;

(7)炉渣可燃物含量;

(8)燃料收到基低位发热量;

(9)收到基灰分。

对于燃油(气)锅炉,锅炉热效率远程检测系统采集系统参数包括(1)~(4)项。按反平衡公式计算后,得到燃油(气)锅炉的在线热效率。

对于燃煤锅炉,锅炉热效率远程检测系统采集系统参数包括(1)~(4)项,(6)~(8)项在线测量难度比较大,一般是通过现场采集样品,拿回实验室分析的离线测量。为了实现在线测量,考虑如下方法:

(1)锅炉煤质工业分析、灰渣含碳量在线测量根据国内各煤质大量测试数据结果和数学模型修正而来,并与现场能效测试进行比对修正。

(2)定期到该锅炉房采集煤样、灰渣离线分析,结果输入到远程在线分析系统。根据反平衡公式,可得燃煤锅炉的在线热效率。

6.1.2.3 排烟温度监控要求

锅炉排烟温度的高低应在锅炉安全性和运行的经济性间取得平衡。且应满足下列条件:

(1)蒸汽锅炉,额定蒸发量小于 1 t/h 排烟温度不高于 230 ℃。

(2)热水锅炉,额定功率小于 0.7 MW,排烟温度不高于 180 ℃。

(3)额定蒸发量大于或者等于 1 t/h 的蒸汽锅炉和额定功率大于或者等于 0.7 MW 的热水锅炉,排烟温度不高于 170 ℃。

(4)有机热载体锅炉,额定功率小于或者等于 1.4 MW,排烟温度不高于进口介质温度 50 ℃。

(5)有机热载体锅炉,额定功率大于 1.4 MW,排烟温度不高于 170 ℃。

6.1.2.4 过量空气系数要求

锅炉排烟处的过量空气系数应当符合以下要求:

(1)流化床锅炉和采用膜式壁的锅炉,过量空气系数不大于 1.4。

(2)除前项之外的其他层燃锅炉,过量空气系数不大于 1.65。

(3)正压燃油(气)锅炉,过量空气系数不大于 1.15。

(4)负压燃油(气)锅炉,过量空气系数不大于 1.25。

6.2 能效系统应用

6.2.1 锅炉能效远程监测系统的目标

(1)锅炉远程监测系统在实际运行过程当中,通过对锅炉实际运行条件的调整,是否真正产生节能效果。

(2)锅炉远程监测系统检测传感器信号及时准确,远程监测系统采集的数据真实可靠,采集数据时是否持续稳定。

(3)锅炉远程监测系统的实时数据分析功能是否符合锅炉的实际运行工况,是否起到有效指导操作的作用。

6.2.2 锅炉能效远程监测系统结论的对比验证

锅炉能效远程监测系统是否方便快捷、真实可靠,需要对以下几个方面进行对比验证:

(1)测定实际运行负荷下锅炉的蒸发量。

(2)测定锅炉消耗的燃料量。

(3)测定锅炉的燃料低位发热量、烟气参数和灰渣的可燃物含量。

验证对比应参照《锅炉热工性能试验规程》(GB/T 10180)和《锅炉能效测试与评价规则》(TSG G0003)测试方法进行。

试验锅炉分别进行两种工作状况下的试验,然后对两种工况下的试验结果进行比对,得出锅炉远程监测系统是否具有节能效果。

6.2.3 锅炉能效远程监测系统信号传输比对

锅炉远程监测系统检测用的传感器的应用种类分为:

(1)温度传感器,测量锅炉给水温度、蒸汽温度、环境温度、排烟温度。

(2)压力传感器,测量蒸汽压力值。

(3)排烟氧量计,测量排烟处烟气含氧量。

(4)软水硬度超标报警器,测量软水器出口软水硬度超标范围。

温度传感器的比对校验,是把锅炉远程监测系统检测用传感器从锅炉各监测点处取下,与比对校验用热电阻一同放置在环境温度和同一处锅炉尾部烟道孔内,在相同时刻同时记录数据,来比对温度传感器的准确性和稳定性。压力传感器比对校验,是用压力传感器实时测试数据与锅炉的压力表在同一时刻进行比对。氧量传感器的比对校验,是把校验用烟气分析仪与氧量传感器一同插入到同一处尾部烟道,并密封好测试孔,防止漏空气,影响比对效果,在相同时刻同时记录数据,进行比对。软水硬度超标报警器的比对校验,是把软水取样,实验室化验,化验结果与软水硬度超标报警器显示值进行比对。

6.2.4 锅炉能效远程监测系统比对条件与要求

(1)锅炉本体检验合格、相关安全附件在校验有效期内。

(2)试验前,锅炉的汽水系统、烟风系统应严密无泄漏。

(3)锅炉受热面未见明显积灰。

(4)试验用燃料的性能稳定,燃煤锅炉的煤质要选同种、同批次煤;给煤颗粒大小、含水量一致。

(5)燃煤锅炉不调节煤闸板高度,炉排只有快慢挡,选慢挡运行;只有调节鼓、引风机开度和风门来调节配风。

(6)试验前，将出渣室的炉渣、漏煤处的漏煤、飞灰处的飞灰清扫干净，出渣门、各处风口和烟道处的漏风堵好。

(7)锅炉正式试验时，锅炉初始条件应设在鼓、引风机刚启动状态，此时，记录下蒸汽压力、锅炉水位、煤量(平煤斗)等参数。

(8)试验期间，锅炉的运行参数应保持周期性(启停转换状态)变化，两次试验的燃烧工况应基本相同(煤层厚度、炉排速度、火床长度、燃烧配风等)。

(9)试验期间保证锅炉的正常运行，不得人为增加锅炉负荷，不得出现安全阀起跳等情况。

(10)试验期间，用测量锅炉给水流量来代替锅炉蒸发量。

(11)试验结束时，锅炉水位、蒸汽压力、锅炉燃烧工况应与试验开始时保持一致。

(12)锅炉试验期间，给水水质(水处理)要一致。

(13)试验期间，蒸汽含盐量假设一致，蒸汽湿度取经验值3%。

6.2.5 比对结果分析

综合现场对比试验过程，通过对试验数据的分析，得出比对结论：

(1)锅炉远程监测系统是否具有较高的监测精度，采集的数据是否满足能效测试的要求。

(2)锅炉远程监测系统所采集、分析并最终得到的结果与人工在锅炉运行现场实时采集的结果是否一致。

(3)通过对风量的调节，排烟热量损失是否减少。

(4)通过对风量的调节，调节后排烟含氧量是否降低，过量空气系数是否得到降低。

(5)从锅炉调节前后热效率变化趋势的一致性上，能否确定锅炉远程监测系统的稳定性满足实际需要。

(6)通过锅炉远程监测系统节能运行调整，改进锅炉实际运行条件及改善运行管理方法，是否达到节能效果。

6.3 锅炉能效系统设计

远程实时监测系统是指本地计算机经由通信系统对远端的设备进行检测和监督，其中包括对运行过程中设备数据的远程采集、设备运行状态的远程监测。因此，将能够完成远程监测功能的计算机软件和硬件系统称为远程监测系统。远程监测具有实时性、可靠性和可维护性的特点，并且能够进行数据的自动采集和处理，实现通信和管理等功能。本地计算机通过网络系统，对生产现场设备的运行状态进行远程监测和各种运行参数进行远程采集，不仅可以节省大量的人力和物力资源，而且能够对危害人员安全的工业环境进行隔离，从而增强了现场工作人员的安全生产系数。

锅炉能效远程监测系统是通过对锅炉的热效率进行测试，确定由锅炉所产生的经济效益，并据此对锅炉的节能潜力进行评估。根据测试结果对于锅炉运行中的不同参数的分析,能够帮助找到影响测试锅炉运行经济性的主要原因,从而为锅炉厂改进运行管理、提高能源利用率提供科学的依据。要实现对锅炉使用情况的有效监督和公平考核,稳定、有效的实时在线监测系统是不可或缺的。并且实时在线监测平台可以极大地提高测试诊断的科技含量,为锅炉的后期改进方案提供数据依据。同时,通过锅炉能效与排放远程在线监测系统可以为政府各部门治理大气污染提供决策依据,从而指导节能环保工作,满足政府能源规划和污染治理的需求。对燃煤锅炉单位如热电厂、锅炉使用单位等高耗能单位的用能情况和能源利用效率进行集中监管,有利于了解能源使用分布结构,为以后制定能源计量标准和统筹区域能源分配奠定基础。并且协助全面提高经济增长的质量,指导经济增长从粗放型向集约型转变。

因此,针对我国量大面广的锅炉现状,设计并开发成套锅炉烟气排放和能效数据采集系统,在对各用能单位的排放数据和能效数据进行集中管理,以及对减少污染物的排放和锅炉效率的提高方面具有重大作用,从而达到改善环境和提高能源利用率的目的,并且将在统筹区域能源分配方面扮演重要的角色。

锅炉能效远程监测系统是一个便于监管部门使用的锅炉污染物排放以及能效状况实时监测系统,是独立于工厂的锅炉监控系统。通过该远程监测服务平台,可以便捷地得到锅炉的污染物排放数据和能效数据,直观、清晰地看到锅炉的运行状态,为监管部门采取相应的措施提供依据。

锅炉能效远程监测系统主要包括两个部分,分别为数据采集终端的软硬件设计和远端监测系统平台的开发。数据采集终端的设计主要涉及传输方式的选择,传输模块和微处理器等的选型,相关的电路设计,以及程序编写和最后的调试。监测系统平台的开发主要在对现有的相关开发技术对比的基础上,分析系统具体的功能要求,搭建适用于系统的软件平台,编写相关的程序实现系统功能。而且需要在实现系统功能的基础上,保证系统运行的稳定性和可靠性。

6.3.1　系统功能实现

锅炉在线监测系统针对锅炉在运行过程中的工作特点和运行参数,使用锅炉远程在线监测终端记录锅炉的运行状态、污染物排放参数和产生的蒸汽参数等,并把监测的结果经过计算处理后通过显示终端清晰直观地显示出来。在锅炉数据的展示界面中,能够将单一数据量以瞬时值、日累积值以及总累积值三种形式显示,并且将国家规定的对应锅炉污染物排放标准写入界面,便于进行对照。该系统旨在为政府监管部门提供一个便捷可靠的锅炉集中化管理方式,实现对本区域内所有锅炉的监管。将物联网技术以及数据库技术等综合应用在锅炉运行管理中,建立对锅炉排放以及能效进行监管的数字化管理平台。通过锅炉在线监测平台,政府监管部门可以随时随地地掌握所属区域内所有锅炉的实时运行状态、污染物的排放信息以及锅炉的改造情况等信息,有效地提高监管效率。因此,锅炉远程监测系统是一个基于互联网平台,围绕具体的锅炉在线监测业务,整合相关资源的信息类应用平台系统。由于在系统中,需要借助如移动网关等第三方的应用,所以系统必须是架构在一个开发的、标准的互联网络中,系统的使用者必须可以通过互联网对系统进行访问。

6.3.2 系统设计原则及需求

锅炉在线监测系统设计应该遵循以下原则：

(1)实用性。系统能最大限度地减少用户的工作量，即可以在不要或尽可能少的人员操作的情况下，能自动完成相关功能。

(2)先进性。充分利用当今流行、成熟的现代化技术，使系统能在技术上，在一定的时间内，保持领先水平。

(3)经济性。在考虑了系统的先进性、可靠性之后，着重考虑系统的性价比，确保系统在搭建和应用过程中具有非常好的经济性。

(4)集成性和可扩展性。保证系统具有较高的集成性以及能够实现信息共享，总体结构上需要保持可扩展性和兼容性，从而达到对子系统的分散式控制、集中统一管理及监控的目的，使整个系统可以随着技术的进步，得到持续的更新、完善和提高。

锅炉在线监测系统设计的性能需求有如下几点：

(1)稳定性。系统至少必须能够保持 7×24 h 连续运行的能力。

(2)高效性。系统能在规定的时间内，获取到传感器采集到的数据，并能在前台显示模块直观地显示出来。

(3)自动化。能自动完成把传感器数据传送到远程服务器的传送任务。

(4)数据一致性。数据使用统一的编码格式，实现数据组织、存储及交换的一致性。

6.3.3 远程监测系统总体结构设计

根据系统的功能要求和设计要求，远程监测系统将由锅炉现场采集终端、GPRS 无线通信网络和数据服务平台三大部分构成。

锅炉现场采集终端由采集器模块和集中器模块两部分组成，模块之间通过无线传输的方式进行通信，以适应现场的复杂环境，不干扰工厂的生产。采集器模块主要由单片机及其外围电路和短距离无线通信模块以及传感器组成，通过各个采集器模块实现锅炉数据的采集、分析、记录及短距离传送任务。集中器安装在锅炉厂中的适宜位置，主要由单片机及外围电路、短距离无线通信模块以及远程无线通信模块组成，完成中转任务，实现数据的接收和远程发送。远程通信网络是连接锅炉的现场采集终端和数据处理平台的桥梁，通过该网络系统锅炉现场数据能够及时传送到数据处理平台的服务器中，同样数据处理平台的相关命令也可以通过该远程网络传送给现场采集终端，实现现场与远程的信息交互。

锅炉现场采集终端一般由单片机、无线射频模块和无线通信模块三部分组成。通过不同的传感器将自动采集到的锅炉数据交由单片机，然后经由芯片通过无线方式汇聚到集中器，由集中器的芯片接收并交由单片机进行 A/D 转换等处理，将采集的信号通过串口通信送至 GPRS 模块，并采用 TCP/IP 通信协议自动并实时上传给数据中心，完成锅炉现场采集终端的任务。

监测系统的数据处理平台主要由数据接口服务器、应用程序服务器和数据库服务器等组成。监测系统平台一方面通过网络与现场采集终端进行双向通信，另一方面完成数据库操作并为用户提供WEB网页服务,帮助监管人员通过网络随时了解现场设备运行状况。锅炉在线监测系统中融合了传感器技术、嵌入式技术、数据采集技术、数据融合处理、无线传感技术与远程数据通信技术等,高效完整地实现了对于锅炉运行参数数据的实时采集、处理以及记录,实现区域内锅炉集中化的动态监管。数据处理平台结构设计,根据对系统需求的分析和整理,数据处理平台的主要功能模块有数据采集、数据接口及锅炉能效页面平台。数据平台系统将采用B/S的系统架构来开发整个数据处理平台的软件,其中,界面层采用Easy UI和Flash实现页面展现。

6.3.4　常用平台使用相关技术

目前,远程监控系统常用平台使用相关技术有以下几个。

6.3.4.1　Easy UI

Easy UI是一种基于jQuery的UI插件集合体,一种轻量级的跨浏览器的Java Script框架。该框架提供了包括窗口、数据网格、按钮、表单控件等在内的多种用户界面中所需要的控件,非常适用于后台交互系统。Easy UI基于HTML5标准开发,并通过插件的形式提供控件,不仅具有框架自带的标准控件,而且附带有扩展控件和主题,使用方便简洁且功能丰富。同时,Easy UI框架可以使开发者不去考虑关于界面的设计开发部分,而将所有的精力集中在业务逻辑的处理方面,从而保证了所开发出的前端无论从审美角度还是从交互性等方面,均能达到满意的效果。对于开发者而言,使用Easy UI框架可以省去很多Java Script代码的编写,并且可以在不懂CSS样式的情况下,使用简单的HTML标签就可以在短时间内很容易地完成布局合理、功能强大和清晰漂亮的页面开发,因此Easy UI常常是前端开发的首选框架。

6.3.4.2　Apache MINA

Apache MINA(Multipurpose Infrastructure for Network Applications)是Apache软件开发的一种多功能网络应用程序的基础框架,通常也被称为NIO框架库、客户端/服务器框架库或一种Socket库。MINA框架提供了网络通信的Server端和Client端的封装,通过网络应用程序接口实现了网络通信与应用程序的相互隔离,使开发者只需要关心要发送或要接收的数据以及业务逻辑,而不必关心底层通信细节,因此MINA框架可以帮助开发人员开发具有高性能、高扩展性的网络通信应用程序。MINA框架主要由以下四个接口完成:

(1)DloService接口位于整个框架的最底层,负责线程上套接字的建立,并以NIO的方式监听是否有连接被建立。该接口隐藏了底层10的实现细节,仅向上层提供一致的基于事件的异步10接口。每次当有数据被传送到服务器时,KlService首先就会调用底层的10接口对数据进行读取,并且将读取到的数据封装成IoBuffer,然后以事件的形式告知上层代码,从而将JavaNI0的同步10接口转化成异步10。

(2)IoProcessor接门位于另外一个线程,它主要负责检查通道上数据的读写操作,是实际10事件的处理者。同时负责调用注册在IoService上的过滤器,并在过滤器链之后调用IoHandler。

(3)IoFilter接口用于定义一组拦截器,可以实现日志输出、黑名单过滤、数据的编码(write方向)与解码(read方向)等功能,其中数据的编码和解码是整个数据处理中最重要的步骤,也是开发者在使用 MINA 时最需要关注的环节。

(4)IoHandler 接口可以看作 MINA 处理流程的终点,负责编写业务逻辑,完成协议事件处理的地方。该接口需要由开发者自己来实现,并且每个 IoService 都需要指定一个 IoHandler网络对等体为 I/O 服务。因此,MINA 服务端工作的实现流程为:首先,通过 IoServer监听来自数据采集终端硬件的连接请求并建立连接,之后将 I/O 的数据读写任务转交给 I/O Processor 线程,读取到的数据经过过滤器链里所有的 IoFilten 完成了消息的过滤以及格式的转换。最后由 IoFilter 将处理过的数据交给 IoHandler,由 IoHandler 进行业务逻辑的处理,从而完成整个数据读取流程。

6.3.4.3　MySQL 数据库

MySQL 是目前最受欢迎的一种关系型数据库管理系统(RDBMS),采用数据库系统中最常用的数据库管理语言——结构化查询语言(SQL)对数据库进行管理。由于具有高性能、高可靠度、低成本以及易使用等特点,使其仍旧成为大部分数据库开发商,数据库管理员以及 IT 管理员的首选。MySQL 为开发者提供了开放源代码,因此任何用户都可以在得到 General PublicLicense 的许可后进行免费下载,并可以按照个人的需要在其基础上对代码进行个性化的修改或增加,以满足不同用户对于数据库的功能要求。MySQL 因为在速度、可靠性和适应性方面有着巨大的优势而备受瞩目,在不需事务化处理的情况下,很多用户都将 MySQL 视作实现内容管理最好的数据库。

6.3.5　数据远程采集系统硬件整体设计

数据远程采集系统的硬件设备分为三大部分,分别为传感器采集模块、集中器接收处理模块及终端接收显示部分。传感器采集模块主要是将传感器采集到的数据通过采集处理器处理后以无线传输方式传输至现场集中处理器;集中器接收处理模块是将集中处理器接收到的数据进一步处理包装后经由 GPRS 模块传送至远程服务器数据库;终端接收显示部分是将 GPRS 模块传送过来的数据进行处理后显示出来。因此,锅炉能效和排放数据远程监测系统功能实现的现场硬件模块主要由两大部分组成,分别为传感器采集模块和集中器处理模块。本章对上述两部分将从芯片选择和电路硬件设计方面分别进行详细的分析介绍。其中,传感器采集模块主要是将传感器采集到的数据处理后实现近距离传输,其设计思想是将其作为控制核心芯片,再配合外围的电源电路、时钟电路、存储电路、频率收发器电路及传感器部分等完成传感器数据采集。集中器处理模块包括数据远、近距离传输模块,采用与传感器采集终端相同的数据处理芯片,完成所采集数据远程传输到服务器数据库的任务。

6.3.5.1　系统主控芯片

微处理器是监测系统数据采集与处理的核心,在一定程度上决定着系统性能及系统开发方案的选择。自 1976 年 Inter 公司推出 MCS-48 系列的 8 位单片机至今,单片机逐渐与传统的机械产品相结合,被应用到智能仪表、医疗设备、航空航天等各个领域。随着单片机种类的增多和功能的不断加强,已经基本能够实现各种环境及开发条件的需要。

典型的 8 位 MCS-51 系列单片机虽然开发及应用技术成熟,但功耗高,运算速度慢;数字信号处理器(DSP)对指令处理速度快,功能较为强大,但开发技术要求高、周期长和成本高。常见的MSP430H49主要具备以下特点：

(1)强大的处理能力。单片机以精简指令集和高透明为内核CPU的设计目标,采用了高效的16位RISC-CPU指令集结构,提供了丰富的寻址方式,拥有27条简洁的内核指令和大量的模拟指令;数量庞大、可参与多种运算的寄存器和内数据存储器;高效的查表处理指令;较高的处理速度(在8 MHz时钟频率下的指令周期仅为125 ns)。这些特点为高效率的源程序编制提供了保证。

(2)低电压、超低功耗。单片机在1.8~3.6 V的低电压范围,1 MHz的时钟条件下的电流随着运行模式的不同在0.1~400 fiA变化;具有三个输入源的独特的时钟系统,在指令的控制下实现对总体功耗的控制;通过在一种活动模式(AM)和五种低功耗模式(LPM0-LPM4)之间的便捷切换,使系统耗能更小。

(3)系统工作稳定。上电复位后,首先由DCOCLK启动CPU,以此来保证程序指令的执行可以从正确的位置开始,以及确保晶体振荡器有足够的时间起振并达到稳定状态;随后可通过软件对寄存器的控制位进行适当的设置,以确定最后的系统时钟频率。在CPU运行过程中,假如MCLK发生故障,那么DCO将会进行自行启动,以此来确保系统的正常工作,并且能够在程序跑飞的情况下,使用看门狗实现复位操作。

(4)片内外设丰富。包括1个硬件乘法器、模拟比较器、60 KB+256字节的FI-ASHROM、2KBRAM、基本时钟模块、12位高速模数转换器A/D、16位定时器A和定时器B、2通道串行通信接口、4组8位并行端口、看门狗定时器等组件,不同的组件组合。

(5)方便高效的开发环境。单片机片内自带JTAG调试接口和FLASH型内部ROM,使程序可通过JTAG调试接口直接下载到FLASH中,然后通过JTAG接口来实现对程序运行的控制、CPU状态和存储器内容的读取。单片机可支持串行在线编程,使开发更加简便,降低开发成本;支持C语言进行程序开发,提高了开发效率,缩短了开发时间。

除此之外,单片机内部还由于具有12位的模数转换器,可以得到很高的精度,而且避免了使用专门的模数转换器所带给电路板在设计过程中的麻烦;可在-40~85 ℃的温度范围内运行,适合工业条件;采用“冯·诺依曼”结构,将ROM和RAM分配在同一地址空间中,共用同一组地址数据总线等多种鲜明特点,得到广泛应用。

6.3.5.2　无线通信模块

短距离无线通信模块位于整个系统中数据交互的前端,属于现场仪表层。由于工厂环境复杂障碍物较多,工厂规模不同,传输距离不确定,因此系统在芯片选型时,首先要考虑芯片的发射功率,保证数据传输具有高的稳定性和可靠性。同时考虑片内外设、功耗和芯片的封装和引脚等,以降低系统开发的复杂度和成本。在实际设计中,系统可选用高频RF开关,实现单天线的半双工模式,进行接收与发送电路的切换,与芯片通过SPI接口实现通信,完成初始化配置、数据收发控制等。芯片采用无源晶振提供工作时钟,选择特定数值的射频电感及电容来搭建微功率无线通信系统的选频网络。

GPRS通信模块位于系统数据传输的末端,属于中继层。该模块用于将从现场传感器采集到的锅炉有关温度、压力、流量等数据传送至远端服务器。GPRS模块是一种基于移动或者联通的数据流量业务,系统中的GPRS模块主要是用于将集中器中的数据通过无线网络远程传送到数据处理平台。为了降低电路的复杂性,使安装简单并且保证系统各个模块能够独立稳定地工作，系统设计时该模块应作为一个独立的工作模块。

6.3.5.3　系统电源模块

电源模块是维持整个系统稳定工作的重要因素，需要为系统提供适当并且稳定的工作电压。根据集中器处理模块硬件各个芯片或子模块对于正常工作电压的要求，其中，单片机和芯片的标准工作电压为3.3 V，GPRS 模块需要提供5 V 的标准工作电压，因此系统设计时，电源模块需要供应 3.3 V 和5 V 两种稳定电源。为了保证电路的稳定性，系统设计通过充电锂电池对整个系统进行供电，充电电池的标称充电电压为 4.2 V，因此供电电路中通过芯片将输入电压转换为4.2 V 电压，便于给电池进行充电，这样就可以避免在设计各种交流转直流的桥式和各种降压电路过程中的时间成本与部分终端成本。当电池供电时，为了保证系统供电的稳定性，在该模块中应加入稳压芯片。

6.3.5.4　主控芯片电路设计

系统传感器采集终端实时接收并存储来自现场的传感器数据，需要保证其任何时候均能够正常工作。因此，系统中电源模块采用有效接口供电，通过电源适配器将交流电压转换为5 V 电压，并采用同步整流降压变压器，低压降压芯片降到 3.3 V，供给各模块使用。

单片机与实时时钟或 RAM 之间可以采用突发的方式每次实现一个或多个字节的数据传输。同时，在对芯片设置时，可以选用 12 h(AM/PM)或者 24 h 计时方式和双电源的供电方式，并且通过设置备用电源的充电方式，可以实现对后备电源进行涓流式充电。

6.3.5.5　存储电路设计

系统中，传感器采集终端需要对来自传感器的数据进行处理后，发送给集中器接收处理模块，因此为了保证大量的实时采集的数据能够被保存，系统应加入外部数据存储模块实现存储功能。

6.3.5.6　接口电路

为了 PC 机可通过串口工具与单片机进行通信命令调试，并且使系统中传感器与单片机完成通信，系统应设计接口电路。该电路主要是通过差分接收器实现主控芯片发出的信号与通信网络中的差分信号进行转换，实现数据通信的功能。

6.3.6　系统软件设计

系统软件平台的设计，可以实现锅炉数据远程监测系统的现场数据采集、数据远程传输和数据界面展示三部分功能。上述功能的实现，需要完成对数据采集终端软件、服务器数据处理软件和 Web 前端交互界面软件的设计。数据采集终端软件依托各个硬件完成数据传输，通过 GPRS 网络和远端服务器实现数据传输通信。服务器数据处理软件需要对数据进行接收，经过解析后存入数据库。Web 前端交互界面则将数据库中的数据以友好的界面展示，并实现锅炉数据运行状态的实时显示等功能。

6.3.6.1　主要软件模块介绍

1.数据采集端软件

数据采集端的软件由传感器采集模块的软件和集中器接收处理模块的软件设计两部分构成，共同完成数据的采集和传输功能。传感器采集模块的软件部分主要可分为单片机初始化模块、主程序模块、收发芯片初始化模块等。同时,集中器接收处理模块的软件包括了一个定时器中断和一个 UARTO 接口中断,负责定时向传感器发送读取数据命令,并将所读取的数据进行打包和发送。集中器接收处理模块的软件部分在传感器采集终端软件的基础上,包括了 GPRS 初始化建立网络连接模块,集中器接收处理部分软件包含 2 个中断,一个为电池电压采集中断,该中断在集中器重新组装数据包时打开,将电压信息一起打包上传到服务器;另外一个是 UART1 接口中断,负责接收来自单片机的指令。

2.TCP/IP 服务器程序设计

服务器软件设计主要在 MINA 通信框架的基础上,对通过 GPRS 网络传输的数据进行监听和接收解析处理,并将解析的数据计算后存入 MySQL 数据库中。

3.人机交互界面软件设计

为了使监管人员能够灵活地获取锅炉能效数据,并且直观地了解锅炉的运行情况,通过设计基于 Web 服务的人机交互界面,加入百度地图、Flash 技术等,对于锅炉运行情况进行动态显示并将锅炉的能效数据和排放物数据进行直观显示,使监管人员能够通过 Internet 实现监管工作。

6.3.6.2　**软件开发环境**

数据采集终端软件一般采用单片机配套的开发环境,使用 C 语言进行编写,采用 BSL 下载器通过串行接口进行代码下载完成程序编写。远程服务端软件和人机交互界面均在 Windows 系统上运行,并使用 Java 语言在 Eclipse 平台上进行开发。

单片机的初始化是系统运行的基础,与系统的整体硬件设计密切相关。当单片机上电后开始启动工作,主要完成对 I/O 口的功能设置、寄存器设置和时钟等的初始化设置。

1.时钟初始化

单片机有三种基础时钟源,分别为低频晶体振荡器 LFXT1、低频晶体振荡器 LFXT2 和数字控制振荡器 DCO,三种时钟源的不同组合为片内各部分电路提供了 3 种时钟信号,通过修改寄存器的值可以对系统和各个模块的时钟进行设置。

2.收发芯片通信设置

数据采集终端的无线通信网络是系统中的一个重要组成部分,要保证整个采集系统的正常工作,需要对无线收发芯片的部分通信参数进行调整,其中包括载波频率、通信速率、频率偏差、调制类型、FIFO 设置、数据包设置、晶振负载电容。该部分在芯片初始化中完成,初始化程序见附录。

(1)载波频率。载波频率产生的载波信号是无线通信中数据调制与解调的必要条件。外部晶振所产生的信号可以通过芯片的内部集成模块进行合成,得到频率可调的载波信号。其中,载波是由芯片内部的载波发生器产生的,载波频率范围在 240~930 MHz。

(2)数据发送速率。适当的数据通信速率是数据发射端和接收端正常通信的保障。发射端和接收端必须有相匹配的数据通信速率,才能使数据正常传输。芯片的数据通信速率可调,需要根据通信环境做恰当的调整,比如在干扰极低或者无干扰的环境中,通信距离短、发送功率高的情况下可以选择较高的收发速率,但是越高的通信速率往往会越容易使数据传输失败。

(3)频率偏差。频率偏差值是指工作频率偏离载波频率中心点的频率大小。芯片的频率偏差由一个专门的寄存器控制,其值的配置范围在±0.625～±320 kHz。当修改频率偏差控制寄存器的值时,芯片内部电路就会根据该值对工作频率进行一定程度的修正。当芯片处于数据接收状态,频率偏差的设置值表示接收端所能接收到的频率信号的范围,当打开芯片的自动频率控制(Autofrequency control)功能时,将会根据发射器的中心频率,自动进行中心频率的调整。

(4)数据调制模式。芯片内部共有三种数据调制模式,分别为 FSK(Frequency Shift Keying)模式、GFSK(Gaussian Frequency Shift Keying)模式和 OOK(On-Off Keying)模式。其中,FSK 调制模式是通过载波频率的变化来对将要传输的数据进行调试,GFSK 调制与 FSK 调制相似,但是在调制之前需要一个高斯低通滤波器滤波来对信号的频谱宽度进行限制。OOK 调制又称二进制振幅键控(2ASK),由单极不归零码序列控制载波开关的打开和关闭,OOK 调制是 ASK 调制中的一个例外,它是通过将两个幅度分别取为零和非零值来实现对载波信号的调制。

3.GPRS 初始化网络连接建立

无线传输模块负责将数据收集并处理后,再发送到远程服务器,是整个系统无线传输的另外一个重要环节,因此保证无线传输模块的正常使用是整个系统正常运行的又一个基础。首先要确保模块能够成功地与服务器建立连接,该功能的实现是由 AT 指令控制完成的。

6.3.6.3　传感器采集模块程序设计

传感器采集终端在本次设计中,位于整个系统的终端节点,根据该模块的功能要求,需要通过接口定时采集传感器数据,然后以无线传输方式完成对各个传感器数据的上传,并要求协调和控制各个模块保证正常工作。其控制过程是在单片机上实现的。当传感器终端的主程序开始运行后,首先要对时钟、串口等外围模块进行工作参数的设置,然后等待加入 RF 网络,随之程序进入主循环。传感器采集终端是通过中断实现对数据采集等的操作,中断信息主要来自定时器服务中断和 UARTO 接收中断。集中器接收处理模块也是数据中转站,将来自锅炉的各个传感器采集终端得到的数据信息,经由 GPRS 无线传输方式远程传输给服务器。

该部分既要实现无线数据通过无线方式的接收并传送至寄存器,又要将寄存器的数据取出重新组装后,经由 GPRS 模块发送。集中器处理器接收到来自传感器终端的数据后对数据进行读取。当集中器接收处理模块的主程序开始运行后,先要进行集中器接收处理模块外围模块工作参数的设置,然后进入主循环。为了确保 GPRS 模块与服务器端连接的稳定性,集中器接收处理模块需要定时通过 GPRS 向服务器发送确认连接指令,如果长时间未能收到回应指令,说明连接失败,然后重启连接。连接成功后需要定时发送心跳包,保持长连接,然后根据设定的时间进行数据的发送和射频网络的重建任务。

6.3.6.4　TCP/IP 服务器程序设计

采用 MINA 通信框架编程实现对来自区域内各锅炉数据的接收并对接收数据进行转换后,存储到数据库的功能。集中器通过 GPRS 主动连接到系统的远端服务器并发送消息,因此需要保证数据传输的准确性。系统通过 TCP 完成通信网络中二进制的传感器数据的传输。采用长连接,服务器系统不需要不停地创建或者消除 Session,提高了服务器的性能。锅炉设备正常情况按照设置的周期定时上报采集的数据进行通信。

1.服务端 IoService 的实现

根据 MINA 框架原理和流程,开发者在使用 MINA 框架实现服务器端的通信程序时,首先要创建现场硬件设备和服务端的通信连接,完成面向连接服务器端程序的编写。具体实现路径为:服务器端获取本地监听端口的地址;创建了非阻塞服务接收器类 NioSocket Acceptor 的对象,监听进入连接的对象,实现针对 TCP/IP 方式的监听;设置读写操作时间,保证服务器在无数据进行时,进入空闲模式;加载编解码过滤器,将二进制或协议特有的数据与消息对象做相互转换,实现对数据的编解码处理;并配置处理器的线程池过滤器,使用默认的线程模型实现事件处理顺序的管理;设置业务处理对象,实现自定义业务;绑定服务器地址,将服务器将要监听的端口绑定到接收器上。

2.编码、解码过滤器的实现

可以自定义多个拦截器是 MINA 框架的重要特点之一,通过将网络应用中所涉及的应用协议定义为编/解码拦截器,可以灵活方便地在数据发送和接收时完成对数据的封装和解析。因此,开发者在网络应用中都会根据实际需要定义不同的应用协议。由于网络传输中的数据与在 Java 业务处理中所需要的数据不同,所以,首先要定义一个编/解码器实现 JAVA 对象与二进制数据的转换。

3.业务处理组件 IoHandler 的实现

IoHandler 在 MINA 框架中负责实现具体的业务逻辑,框架中定义 IoHandler 作为实现业务逻辑的顶层接口,在拦截器链被调用结束后,自动实现相关业务的操作。可以通过直接继承类 IoHandle Adapter 自行定义内部的会话函数实现与其特定业务相关的方法。系统中,主要实现了 EDS Handkr 类,该类继承了 IoHandle Adapter,实现对来自集中器的注册消息、接收传感器值和读取传感器值的操作。

4.MySQL 数据库的实现

Java 与网络上的各种数据库的连接都是通过 Java Data Base Connectivity(JDBC,Java 数据库连接)接口实现的,该接口提供了可由 Java 语言编程实现 SQL 语句的标准。通过该接口,程序开发者可以只使用 Java 语言进行编程实现对于数据库的访问和操作。JDBC 具有强大的兼容性以及灵活性,联合 Java 安全机制,具有良好的数据库连接性能。

JDBC 主要包括面向程序开发人员的 JDBC 应用程序接口和面向底层的 JDBC 驱动程序接口。其中,JDBCAPI 负责与驱动程序之间的 SQL 语句通信,JDBC Driver API 负责与数据库通信。对于数据库的访问和操作需要同时实现上述两个接口。JDBC 在发展过程中产生了多种驱动程序,MySQL 数据库提供的是本地协议型 JDBC Driver API。此类 Java 驱动程序运用纯 Java 语言,基于数据库自身的网络协议执行与数据库间的直接访问,其最大的应用优势在于开发过程无须加装任何客户端软件和中介软件,最终采集到的锅炉数据被存入 MySQL 数据库。用户可以通过 MySQL 数据库自带的 SQL 语句,根据需要按照传感器的 ID、采集时间等实现对数据的查询功能。

6.3.7　人机交互软件设计

为了增加系统的方便灵活性,保证各级监管人员能够随时进入网络查看信息,可以采用 Internet 进行组网。通过在互联网上建立固定的 IP 地址的服务器并申请域名,用户就可以在任何有互联网的地方,通过计算机中的浏览器,对监管中心处理平台的域名或 IP 服务地址进行访问,在登录界面上输入用户名和密码登录系统,便可以查看数据并进行系统提供的相应操作。BS 架构中客户端通过浏览器访问并下载运行脚本实现业务界面的展示和业务逻辑的处理。

人机交互界面是对采集到的数据进行展示的平台,根据 Web 发送的请求,从已有数据库中读取相应数据进行必要的处理,呈现给监管人员。包括图形界面的 Java 实现和 MySQL 数据库访问的 Java 实现。在图形界面的 Java 实现部分,使用 Easy UI 框架,呈现用户登录页面、锅炉管理模块、传感器管理模块和用户管理模块的可视化界面设计。

6.4 热效率计算功能的实现

风烟系统能效评价与诊断系统的构架一般包括三部分内容,分别是数据通信、后台能效服务器计算、前台客户端展示。其中数据通信主要用于将电厂实时数据通信到数据库里;后台能效服务器存放着实现系统功能所需的相关程序,通过访问数据库,进行相关计算,将计算结果重新写入到数据库;前台展示这一块采用 Java 语言编写,根据系统功能需求,编写友好的界面,通过访问数据库中能效服务程序的计算结果,将需要实现的功能展现出来,便于人机交互,进行监测与管理,电厂局域网中任何一台计算机都可以通过访问 Web 服务器,监测到锅炉远程监测系统实现的功能。

系统的主要功能模块有监测分析、能效评价、能效诊断。监测分析中重点监测参数及指标的实时值及变化趋势,与基准值进行比较;能效评价中实时显示参数、指标及系统的评价结果和相应的节煤潜力;能效诊断中包括诊断知识库、诊断规则,通过人机交互可以进行能效实时诊断,生成诊断报告,指导运行人员采取相应的处理措施,提高机组的能效水平。

锅炉远程监测系统主要由平台管理人员负责管理维护,为达到软件子系统要求,软件操作主要由主监控台、能效统计、信息发布、专家诊断、系统告警、事件提醒、账号管理、锅炉信息、终端管理和基本信息等模块组成。构建锅炉远程监测与处置系统,可以实现锅炉基础信息的报送、运行数据的采集和管理功能,通过对锅炉运行数据的实时在线采集和监测,不仅可以了解到各个运行中锅炉的基础信息、运行状况,还可以对工业锅炉的运行数据进行系统管理,对工业锅炉的能耗及能效情况进行宏观评价与分析。各功能具体要求如下。

6.4.1 实时监测功能

锅炉接入平台时,由工作人员在锅炉信息模块录入详细的锅炉信息,包括锅炉型号、安装公司、使用企业、锅炉所在地点等。软件在主监控台模块以图文模式、列表模式以及地图模式展示锅炉实时的运行参数、锅炉热效率等。主界面是以图文结合的模式,展示锅炉的实时监测参数,包括热效率、排烟温度、过量空气系数等燃烧效率参数和蒸汽压力等锅炉安全参数,也可用列表的形式来查看锅炉信息及以 GIS 地图的形式来查看锅炉信息。

同时应能通过列表的形式展示锅炉的实时参数,在界面上以趋势图形式给出指定的几项参数随时间的变化。

6.4.2 系统告警功能

在系统告警功能中,重点关注蒸汽超压、水位过高或过低等安全问题,以及排烟温度过高、过量空气系数过高等燃烧效率问题。通过设置,可以定制平台使用者所想关注的参数内容。当相应数据超出标准时,平台发出告警。用户也可以通过手机微信端,实时掌握锅炉告警信息,及时处理,提高安全性。

系统应能支持多种报警显示窗口,包括实时报警窗口、历史报警窗口和查询窗口。实时报警窗口显示最新的报警信息,报警信息被确认或恢复后,报警信息随之消失。历史报警窗口显示历史报警事件,包括以往的历史报警信息、报警确认信息和恢复信息,报警事件的来源是报警缓存区。查询窗口能够查询报警库中的报警事件,报警事件的来源是报警库。系统支持多种报警查询条件,对报警信息的查询,可以按报警时间查询、按报警类型查询、按记录类型查询等。

系统通过提前设定报警阀值,提供运行参数监察、运行异常追踪、安全报警报告自动生成、报警记录查询、重点设备报警台账管理以及多渠道、多方式报警处理功能,提供锅炉设备异常状态信息、数据采集装置运行信息等方面的报警功能,并将相关异常报警信息通过既定的方式发送至责任人。对于无法解决的报警提醒或用户在锅炉管理运行过程中遇到的疑难问题,可以将问题发送到专家诊断模块中,由技术机构安排专业人士对相关问题进行解答。

6.4.3 能效统计功能

系统软件应能以表格的形式展示锅炉运行参数的历史数据,也可以导出报表。通过对锅炉运行参数的统计与分析,实时记录重要参数指标、能效结果与指标评价结果,使监管人员可以根据月度、季度或者年度对系统预存结果进行提调与分析。通过终端管理模块设置计算所需的部分参数。

系统应能根据不同种类的锅炉进行能效统计分析计算:燃煤锅炉主要以不同的吨位进行统计,对不同吨位的锅炉进行能效计算、分析,单个锅炉的能耗及热效率的计算和所有燃煤锅炉能耗平均值的计算;对于燃油和燃气的工业锅炉,一般为中小型锅炉,则统一计算其能效及能耗平均值。通过分析计算,以图或者表的形式显示重要运行参数、锅炉热效率以及能耗分析的实时趋势。具体功能为:燃煤锅炉能效分析,实现对各类不同吨位的燃煤工业锅炉能源消费情况和锅炉热效率做同期占比、与去年同比以及全年环比分析,了解区域内不同吨位的燃煤锅炉用能构成及其变化趋势。燃油、燃气锅炉能耗结构分析,实现对同类的工业锅炉如燃油锅炉和燃气锅炉等的能效和能耗情况做同期占比、与去年同比以及全年环比分析,了解同类中小型锅炉的能效情况及其变化趋势。

6.4.4 信息发布功能

信息发布功能是系统的门户,统计发布各类信息、技术,对所有被监测锅炉运行状况进行公布,公众用户可通过信息发布访问系统并与系统提供的应用交互。社会用户可以从系统了解最新的锅炉信息,以及最新的锅炉技术和节能环保技术;监控对象用户和锅炉厂家可以通过系统了解目前整体锅炉形势和普遍安全与节能环保状况,以及锅炉运行整体水平。

锅炉能效远程监测系统集传感器检测、信号采集、数据转换、远程传输、软件处理及诊断处置为一体,所采集数据经软件处理,实现对锅炉 24 h 在线监测,发现异常或报警,平台会及时发现,向用户发出警示,同时通过专家远程诊断,指导处置。同时,系统还能对锅炉运行数据进行统计,积累在用锅炉的实际运行数据和能效数据,为监管和政策制定提供可靠依据。

第 7 章　锅炉能效远程监控系统评价

目前开发应用的锅炉能效测试远程监测系统，一般都是利用各种传感器对锅炉进出水温度、蒸汽温度等测试项目自动进行数据采集，并采用录入或在线检测燃料发热量的方式，同步分析出测试过程中锅炉的出力以及热效率，部分系统还有发现测量结果巨幅波动时进行报警提示的功能。锅炉远程监测系统在测点布置及调试后，自动进行数据的采集和传输，无须测试人员蹲点记录，只需要定时巡视查看设备的运行情况，同时，传感器数据采集及分析系统可不间断地工作，传感器数据分析平台可实时监控锅炉运行状况，在缩短测试周期的同时，提高锅炉能效测试工作效率。锅炉能效测试远程监控系统可在很大程度上减轻测试人员的测试负担和数据分析难度，减少测试人员数量、降低测试成本、提高工作效率。为测试过程中稳定性调节，提供了及时数据支持，极大地提高了测试的成功率，同时为锅炉使用企业减轻经济负担。

能效测试远程监控系统一般包含硬件和软件两大部分，硬件部分包括采集模块、数据传输模块、数据分析模块、显示模块、外围电路等；软件部分使用相关软件开发，可实现对远程传感器数据的接收与处理，并建立了锅炉能效情况的计算评价模型，通过开发用户图形化显示功能、数据管理功能、报表自动生成功能，从而实现锅炉能效测试自动化。目前，国内外现有的大中型检测系统一般均采用集中式测试仪，配合普通测量仪表的检测方式，仪表与数据采集计算机通过信号电缆连接，数据采集计算机使用 PLC、DCS、智能记录仪或嵌入式系统组成，用于完成各种测量信号的模数转换，之后将这些数据通过通信接口传送到数据处理平台，经开发的能效远程监控系统处理计算传感器数据以报表、图形曲线的方式直观地显示任意时刻测量数据及锅炉的热效率值。该检测系统工作效率高，取得的数据同步性好，更加准确，便于分析与查找并可直接生成检验报告，能够大幅度降低劳动强度，提高检测效率。

对能效测试数据采集及分析系统进行评价，一般要求所设计的能效远程监控系统能够有效地采集到锅炉运行中的关键数据，能够进行数据打包并实现数据远程传输，数据丢包率低，数据传输安全。锅炉远程监测系统还应能实时监测锅炉运行状态，实时显示出力，实时监控参数波动变化情况，可以有效地分析出锅炉的实际能效状况。另外，能效远程监控系统应能够有效地降低测试人员工作量，减少人为误差，提高测试效率与准确性，同时应能有效地改善测试人员工作环境和降低测试成本。

对锅炉进行能效测试分析时，首先需要根据锅炉能效测试的原理和测试流程，提出相应的测试系统需求分析，确定技术难点和解决方案，包括在进行数据参数自动采集时，传感器的选型、技术指标、安装位置、采集频率等方面相应的要求。

7.1 锅炉能效远程监控需求分析

锅炉能效远程监控系统首先需要实现锅炉运行时重要参数数据的自动化精确采集和实时远程输出以及对获取的数据进行综合分析。需要实现自动化采集的数据主要包括燃料用量、锅炉介质温度、介质压力、介质流量、排烟温度,以及烟气成分分析、燃料热值化验等。这些参数数据的获取可通过压力传感器、温度传感器、液体气体流量计、烟气分析仪等设备实现。锅炉能效测试工作中,测试系统对系统各组成部分都提出相应的需求,如所需求的重要测试参数,包括使用压力传感器采集压力数据,温度传感器采集介质温度、环境温度数据,流量传感器采集锅炉介质和燃料用量等数据,烟气分析仪进行分析得到的锅炉燃烧产生烟气数据等。

7.1.1 传感器设备需求

根据锅炉能效计算方式,采集不同的锅炉参数数据需要使用不同类型的传感器设备,传感器类型包括压力传感器、温度传感器、流量传感器、烟气分析设备。不同用途传感器类型对应的相关测试参数如下:

(1)压力传感器进行压力测量,测试参数包括锅炉进水压力、出水压力、蒸汽压力。

(2)温度传感器进行锅炉温度测量,测量项包括热水锅炉进水温度、出水温度,蒸汽锅炉给水温度、排烟温度、入炉冷空气温度、锅炉运行环境温度。

(3)流量传感器进行锅炉流量测量,使用电磁流量计、超声波流量计,测量项包括热水锅炉循环水量、蒸汽锅炉给水流量。

(4)烟气分析仪进行烟气成分测量,测量项包括 RO_2、O_2、CO 等。

7.1.2 测试系统需求

为满足锅炉能效远程监控系统实时进行数据分析的要求,测试系统在进行传感器数据采集时,将采集数据进行滤波平滑、设置传感器数据采集频率、对传感器数据进行压缩打包、设定传感器采集数据发送频率、传感器采集数据传输加密、测试数据分析、测试数据保存、分析结果显示等方面进行处理,并对相关环节提出相应技术指标和要求。具体技术指标和要求如下:

(1)传感器布置方案要求合理,并要求保证所有传感器都能在额定条件下工作。

(2)传感器数据远程数据传输距离应合适,丢包率要满足要求。

(3)测量数值采集间隔时间可调控;测试开始、结束时间,测量数值自动保存。

(4)系统对采集的测量数据进行平均值计算,以保证数据的可靠性。

(5)测量流量数据,除实时采集外,还应能够进行流量计瞬时流量数值和累积流量数值实时显示。

(6)采集系统能对锅炉实时出力进行计算和显示。

(7)采集系统能设置燃料发热量、燃料消耗量输入功能。

(8)采集通道可以同时采集,保证各个数据在同一时刻内采集,并能分时段进行数据显示、分析。

(9)锅炉消耗水量、循环加热油量使用累计方法计算,其他测试项使用检测数据确定的平均值。

(10)测量数值均能远传至采集系统,测量数值能实时显示。

7.1.3　烟气分析的要求

烟气分析传感器检测数据要求具有代表性,所以烟气采样点一般安装在锅炉烟道截面上烟气温度恒定、流速相对均匀的部位。对于额定蒸发量(额定热功率)不小于 20 t/h (14 MW)的大型锅炉,排烟管道上应当多布置几个温度传感器,一般可布置 2~3 个温度传感器测量排烟温度,排烟温度使用算术平均值,以保证测量温度的可靠性。测量排烟温度的温度传感器,其安装位置应接近最后一节受热面,距离应不大于 1 m。在对烟气成分进行分析时,测量 RO_2、O_2的传感器测量精度不低于 1.0 级,测量 CO 的传感器测量精度不低于 5.0 级。

7.1.4　测试数据分析要求

锅炉能效远程监控系统通过传感器测量,要对得到的数据分析整理,对燃料发热量、灰渣、水汽质量化验结果进行统计计算,综合锅炉运行相关重要参数,按照测试任务要求和测试标准应形成结论性意见。其中定型产品热效率标准规定,锅炉每次测试的正平衡与反平衡的能效值之差应当小于或等于 5%,锅炉能效正平衡或者反平衡测试时,不同测试方式各自两次测试测得的效率之差均应当小于或等于 2%,燃油、燃气和电加热锅炉不同测试方法测试效率之差均应当不大于 1%,当效率之差小于 1%时,取两次测试结果的算术平均值作为最终锅炉热效率,否则测试结果失效。其他锅炉运行工况热效率详细测试和简单测试这两种测试类型则没有上述要求。

7.2　系统硬件设计

7.2.1　数据采集系统

锅炉能效远程监控系统主要由数据采集系统、数据传输系统、数据分析系统三大模块组成。锅炉能效测试数据采集系统主要完成温度、压力、流量、烟气分析传感器等硬件传感器的选型,实现不同传感器安装布置、原始数据实时采集、数据 A/D 转换;数据传输系统主要完成传感器数据打包、加密、解密、传输线路布置等;数据分析系统即软件设计,主要完成传感器数据经过数据传输系统的后期处理,包括传感器数据检测系统设计、数据分析系统设计、软件层管理、数据调度、数据保存以及报表的生成。

为了实现对锅炉能效的自动化测试,建立完善的测试流程,锅炉远程监测系统设计工作一般有如下要求:

(1)由数据采集系统实现实时采集需要的参数(如锅炉运行时蒸汽压力、蒸汽温度、排烟温度、烟气氧浓度、烟气成分、燃料发热量等),并对传感器采集得到的数据进行滤波，从而有效地滤除波动较大的错误数据以及修正部分偏差数据。

(2)数据传输系统对上述参数实时收集、存储、传输，为方便测试，测试人员可以使用数据传输系统进行各个传感器矫正、测试等工作。

(3)数据分析系统利用专用软件构建数据分析处理系统，实现对传感器的数据统计计算和分析处理，并对锅炉运行工况参数进行实时显示，自动根据测试项目生成报表，并依据《锅炉能效测试与评价规则》(TSG G0003—2017)，对被测试的锅炉能效情况进行分析计算，得出可靠的能效测试结果。

(4)在测试过程中，应保证锅炉在测试过程中所用燃煤、燃气等燃料的品质、锅炉运行功率、锅炉的工作压力、蒸汽温度等参数的波动范围满足测试要求。

(5)在实际的测试过程中，由于传感器自身灵敏度等因素将导致一定程度的能效测试结果波动，除了锅炉本身的参数，其锅炉给水温度、给水流量、设定的过量空气系数、排烟温度、入炉冷空气温度、设定的锅炉水位、燃烧煤堆积程度、进气口空气流速、炉排转速等参数的变化也会对测试结果造成影响。所以，系统的设计也要充分考虑到这些不确定因素的影响。

锅炉能效测试数据采集系统各部分具体分工为：布置在锅炉不同部位的传感器完成锅炉运行参数信号的测量，数据采集箱负责实验数据的采集，并实现 A/D 转换，电脑终端负责完成实验数据的显示、分析、存储及报告的生成工作。数据采集系统一般采用普通计算机(PC 机)与单片机通过标准总线(例如 RS-485 标准)相连而成。单片机及其外围电路构成的硬件系统主要实现传感器数据采集等功能，根据传感器数据采集、数据模数转化、数据封装发送配置外部电路，主机则负责对数据采集系统的数据记录、统计分析和图形化显示等任务。不同类型传感器安装到锅炉相应位置，用于实时采集锅炉运行参数，数据传输系统将采集到的锅炉实时运行参数进行有序排列、统筹汇总、编码加密、定时收发，从而将数据传输至上位机，数据传输系统通过专用远程数据传输电缆与传感器相连。分析系统布置在计算机中，将接收到的传感器数据通过专用分析软件进一步处理计算，评价出被测锅炉的能效状况。

锅炉热工测试数据采集及分析系统的数据采集计算机安置在数据采集箱内，负责直接采集锅炉工作时热电阻传感器测量的温度数据、压力变送器测量的压力数据、流量计采集的流量及累计流量数据，并通过测量端口读入烟气分析仪测出的烟气分析数据，再依据蒸汽或热水的实际温度或压力数值换算成焓值数据，计算出锅炉的出力。锅炉能效测试数据采集及分析系统能够自动完成对锅炉进水温度、锅炉出水温度、排烟温度、炉体表面温度、流量、压力、烟气分析数据的自动采集工作。

根据实际需求，数据采集及分析系统设备应便于携带，可直观显示存储采集计算机的测量数据，并具备输入部分人工测试数据功能，如燃料使用量、燃料热值等测试参数，能够实现对检测的锅炉重要运行参数及烟气分析仪表的测量结果的即时显示并分析出锅炉的出力和能效状况数据，通过数字或实时及历史曲线的形式直观地向测试人员显示锅炉的实时运行状况。

锅炉能效测试开始时，各测试点同步采集数据，采集到的信号先进行 A/D 转换，然后通过线缆传输到采集数据端芯片，芯片 CPU 将传感器数据进行汇总，每采集、排列、编码、加密完一组传感器数据,系统就将该组数据包发送给上层分析软件;当系统确认一组数据发送完成后,CPU 将向外发出中断信号,并进入下一组传感器数据流程,发送模块进入休眠状态并等待下一帧发送指令,整个数据采集系统实时处于数据采集、发送、再采集的循环状态,因数据采集频率和 CPU 工作频率都很高,几乎可实现数据无延时的不间断采集和发送。

7.2.2 数据分析系统

能效监测开始后,当登录数据处理分析系统后,系统应自动开始接收传感器数据的工作,不断检索接收数据中符合相关通信协议的数据包,数据接收功能模块将接收所有的数据包,并进行汇总,然后传输给 CPU,CPU 根据通信协议判断数据包的完整性,当数据包不完整时,数据接收功能模块继续检索数据,当确定一帧数据包完整性后,CPU 才能进行下一步逻辑工作,系统将数据包按组分类,并显示出来。系统可设置数据刷新频率,测试人员可在显示器上实时观察不断更新的锅炉运行参数变化情况,有助于测试人员进行数据分析和危险警报等处理工作。

根据测试系统软件功能定义,传感器发送端负责锅炉重要参数的采集和发送;而数据分析处理系统主要负责传感器数据接收、保存以及数字或图形化在显示屏上显示,通过系统的锅炉重要参数远程接收和显示功能,通过图形化显示传感器数据变化曲线,给现场测试人员提供直观的变换趋势。

锅炉数据采集及分析系统的工作原理可归纳为以下三个过程:

(1)实时数据采集。对被温度、压力、流量等参数的瞬时值进行检测,并在模数转换后输入给计算机。

(2)间接数据的计算。对焓值、水(蒸汽)量、燃料使用量、发热量等间接数据可根据实时数据进行计算获得。

(3)分析计算。利用采集到的实时数据或测量出的间接数据,根据测试任务大纲和测试流程,使用统计与推测相结合的方法对采集获得的表征参数进行分析,并按既定的分析规律,得出分析结果。

7.2.3 硬件及传感器设计

在进行能效监测前,应根据能效测试大纲,分析锅炉能效测试参数需求,并针对不同的锅炉,明确进行能效计算所需要的锅炉数据参数,从而确定测试所需要的硬件设备、传感器设备、线束、计算单元等。硬件设计应根据测试锅炉的类型、安装情况、吨位、测试条件、运行状况等方面确定。传感器设计要根据传感器测试原理、灵敏度、使用条件、适用范围等,确定测试传感器类型、测量精度、数据获取方式、传感器数量、传感器安装位置、传感器线束布置等,具体要求如下:

(1)传感器工作温度区间满足测试额定参数条件要求。

(2)传感器数据传输丢包率满足基本标准要求。线束布置满足现场实际要求。

(3)传感器安装位置满足《锅炉热工性能试验规程》(GB/T 10180)的要求。

(4)传感器测试精度、灵敏度满足《锅炉热工性能试验规程》(GB/T 10180)的要求。

(5)传感器测试数据覆盖锅炉面满足相关测试规程要求。

(6)传感器布置和测试不影响锅炉的正常运行。

(7)传感器安装位置及接口应便于安装与拆卸。

锅炉传感器布置应根据锅炉燃料的种类不同而进行选择,常见锅炉根据燃料类型可分为燃煤锅炉、燃油锅炉、燃气锅炉、燃生物质锅炉等。燃料种类不同的锅炉,其锅炉形状、锅炉结构、锅炉制成材料、工作环境等也不尽相同,根据实际情况确定的传感器布置方案、所需传感器的种类也不相同。不同种类锅炉的构造和配置也不一样,同一种参数的采集需要根据具体锅炉结构的不同进行确定部位测试,如烟气分析时,燃煤锅炉、燃生物质锅炉烟气成分分析传感器应布置在省煤器出口烟道,燃油锅炉烟气成分分析传感器应布置在节能器烟风出口,燃气锅炉烟气成分分析传感器应布置在出口烟道;不同种类的锅炉在进行测试时都需要采集锅炉进水温度和压力参数,因此不同种类锅炉测量进水温度、压力、流量的传感器安装位置都在锅炉进水管处;针对燃煤、燃油、燃气、燃生物质锅炉的锅炉构造和需要采集的测量参数进行传感器配置,传感器安装数量需要根据锅炉大小等特性进行适当配置。

根据锅炉类型、工作参数、工作环境确定所需测试的参数,并根据能效测试方案要求条件选取温度、压力、流量等各型数据采集传感器以及烟气分析。各传感器应紧固安装在锅炉系统相应部位上,具体安装方式及安装位置必须满足测试要求。

锅炉能效测试中,常见的温度测量仪器有玻璃液体温度计、热电阻等。玻璃液体温度计性能稳定,但是只能直读,不具有自动化读数的条件。热电阻具有测量精度高、性能稳定、成本低的特点,在中低温区场景中最为常用,最为重要的是它可以将温度信号转化为电信号,具备自动化采集数据的条件,并且测量精度远高于直读温度计的精度,是系统进行温度数据采集的最佳选择。热电阻材质大多数是由纯金属材料制成的,目前使用最多的金属材料为铂和铜。钻电阻具有测量精度高,适用于中性和氧化介质,测量数据波动幅度小,具有一定的非线性特性,温度越高电阻变化率越小,由于成本低,可操作性能好,在工业中被广泛使用,常常用来制作标准温度基准仪。铂电阻经常用分度号 Pt10、Pt100、Pt1 000 来进行区分,其中 Pt100 的利用率最为广泛。

因为热电阻只是把温度变化信号转化成电阻值变化信号的一次元件,所以还需通过模数转换,把电阻值信号转化成数字信号,才能将数据传递到计算机或者其他二次显示仪表。因为热电阻引线本身具有电阻,所以系统温度数据采集模块应进行 A/D 转换。排烟温度传感器与排烟烟气分析仪一起安装在锅炉排烟管道直段,蒸汽温度传感器应紧固在锅炉主蒸汽出口管道部位,环境温度传感器固定在信号采集控制柜外,给水温度传感器紧固于锅炉给水管道上。

锅炉能效测试中,压力测量仪器通常使用弹簧指针式压力表,压力表读取数值简单明了,但是不具备系统需要的自动化和数据化要求。为满足系统压力数据采集的自动化和数据化要求,系统压力传感器应选用压力变送器装置,该装置可以输出 4～20 mA 模拟量电流信号,也可以直接接入数据采集计算机的模拟量输入通道接口,从而实现测量信号的数字化转换,其工作精度、灵敏度等各项参数应能充分满足数据采集系统的自动化和数据化的需求。给水压力传感器一般安装在给水管直段位置。为方便监测锅炉本体压力,通常在锅炉本体压力表的存水弯管上安装三通阀，蒸汽压力传感器螺纹连接三通阀，与压力表并联。

目前常见的流量计有差压式流量计、转子流量计、腰轮流量计、电磁流量计、超声波流量计和涡轮流量计等。超声波流量计可以输出 4~20 mA 模拟量电流信号，也可以直接接入数据采集计算机的模拟量输入通道接口，从而实现测量信号的数字化转换。电磁流量计提供了 RS-485 通信接口及通信协议，因此通过采集计算机上的通信端口直接读取仪表中的检测数据。这种通信方式具有数据稳定、传输量大、准确度高、扩展性好等优点。

为了不对锅炉给水工作造成影响，给水流量计一般安装在锅炉给水管道的直管段处，燃气流量计常使用螺纹紧固在燃气管道上，用于测量燃料供给量煤粉和生物质等燃料称重传感器，使用焊接方式连接在燃煤煤斗、生物质锅炉上方，对固体燃料消耗量进行测量。

在锅炉测试过程中，除需要测量锅炉排烟温度外，对锅炉燃烧生成的烟气取样并分析其组成部分也是一项重要的工作。通常需要测定烟气中的含氧量和三原子气体（SO_2和CO_2）、可燃气体（CO、H_2、CH_4）、氮氧化物（NO_x）的含量，还要计算出过量空气系数，但由于烟气分析项目众多，且大多数数据若经人工分析，工作程序复杂而且不容易获取，目前能效测试中已普遍使用全自动的物理式烟气分析仪。

7.3　系统软件设计

锅炉能效监测数据处理平台一般包含三大部分：传感器数据解析单元、能效计算单元、实时数据监控单元。传感器数据解析单元将通过通信端口接收远程传感器数据，使用相关软件开发平台开发传感器接收代码，实时对远程传感器发送的数据进行接收，使用解密方法对真实传感器数据进行解码。能效计算单元根据能效测试原理读取相关参数和事先人为设定的重要参考数据，从而得出锅炉能效值。实时数据监控单元监控整个锅炉运行状态，实时显示锅炉运行温度、进出水流量以及其他重要数据，并以图形化等方式进行显示。在搭建能效远程监控系统过程中，需要选用合适的编程语言和编译环境，从而快速地进行能效远程监控系统功能开发，当前大部分编译环境都存在合适的 API，方便工程师进行快速调用，以完成相关的开发工作，软件设计在选择编译环境时，需要调研传感器数据通信、数据库、数据保存量等方便的工作。

为实现传感器数据采集，根据传感器特性和不同的锅炉测试条件选择合适的传感器配置方案和安装位置，从而快速地进行数据采集。测试人员写入程序后，CPU 将根据程序逻辑监控应用中的所有设备。CPU 根据程序逻辑架构实时监测系统输入并根据输入的变化做出相应的响应，系统应支持布尔逻辑、计数、定时、复杂逻辑与数学运算以及与其他终端设备进行数据交互。CPU 应提供一个 PROFINET 端口实现网络通信，还应使用附加模块如 PRO2FIBUS、GPRS、WIFI、RS-485 或 RS-232 进行网络通信。同时，应提供各种模块和插入式板卡，测试人员可通过附加 I/O 口或其他网络通信方式来扩展 CPU 的功能。

模数转换模块可以将一定电压范围或电流范围的输入信号转换成整数输出值，在进行锅炉能效测试过程中，传感器数据采集值很可能需要以工程单位进行标识，例如表示燃料体积、工作温度、燃料重量或其他数量值，都要以工程单位作为模拟量输入，必须首先将传感器数据转化为 0.0～10 的浮点数。然后将其转为以工程单位为基准的数值，且限定在最小值与最大值之间。对于测量参数，需要使用模拟量作为输出值的测量项，应转化为以工程单位为基准的数值，其范围限制在 0.0～1.0，然后通过放大方式扩展成 0～27 648 或-27 648～27 648（取决于模拟模块的范围）的值。

在 PLC 实际应用中，较为常用的方法是将传感器数据模拟量输入值转换为 0.0～1.0 的浮点值，再将其浮点值换算为工程单位范围内的对应值。

7.3.1 以太网数据传输

以太网传输具有协议统一、软件升级快捷、可移植性强、成本低的特点，锅炉能效测试分析系统远程传感器数据传输实时性要求高，系统应选择传输带宽高的以太网进行数据传输。

以太网的网络通信协议大致分为两种：UDP 协议与 TCP 协议。UDP 通信协议较 TCP 通信协议简单，主要通过手握手机制的方式以实现提高传输效率的目的，锅炉能效测试分析系统在数据传输层使用 UDP 协议进行数据传输，其优势有以下几点：

（1）UDP 协议不需要事先创建连接，发送端只需要向外发送数据包，不需要接收数据方给出答复。

（2）由于 UDP 协议与其他通信方无连接，不需要对网络连接状态进行检索和维护。

（3）UDP 报头使用的字节长度相较于 TCP 报头较少，有利于加快在网络状态下的程序段数据传输效率。

7.3.2 数据处理分析平台

数据处理分析平台为传感器采集数据处理、分析、显示的硬件平台，其平台需要存在以太网接口进行传感器数据接收，且需要容量大的数据存储器进行实验数据实时保存，为方便软件开发工作和实验测试工作，其数据处理分析平台要求携带方便、CPU 性能强等。锅炉能效测试分析系统采用常见的 Windows 系统作为开发平台，其人机操作性强，支持的软件与库丰富，有利于数据处理分析系统的搭建。

7.3.3 系统软件设计

锅炉能效远程监控系统软件设计主要是实现软件平台搭建、传感器远程测试数据采集、能效计算、关键数据图形化显示及信息输入功能。为实现这些功能，需要搭建相应的软件平台，开发对应的功能模块。软件数据来源主要是传感器测量值和人工录入两大项，传感器测量项包括给水温度值、给水流量值、给水压力值、出水温度值、入炉空气温度值、排烟温度值等，人工录入项包括燃料消耗量、燃料单位能量等。系统软件设计功能应包括传感器数据接收功能、传感器数据显示功能、图形化显示功能、人工输入功能、能效计算功能、报表生成功能及数据保存功能，从而指导锅炉能效远程监控系统的软件设计工作。

软件系统是整个测试系统的核心，也是测试人员与硬件沟通的桥梁。需要合适的开发软件来实现计算机与各种采集模块的联系。研究表明，组态软件用作传感器数据收集与思维逻辑控制开发的平台，具有良好的可扩展性和人性化开发环境。通过各种组合配置完善功能需求，组态软件为用户提供良好的开发界面和简单快捷的操作方法。在建立工程时，系统自配的各种软件模块能满足大多数开发者的需求，软件系统同时支持不同厂生产的计算机和标准 I/O 外部设备，组态软件将计算能力强的工业计算机与网络系统进行结合，可向软件开发者提供应用层和设备层全部的软、硬件接口，进行系统集成开发。

在工业自动化行业，组态软件是一种比较常用的自动化通用软件，在传感器数据采集、视频监控、机器人、安防等领域被广泛使用，其具有底层驱动程序齐全，可扩展性强，如支持 DDE、板卡、OPC 服务器、PLC、智能仪表、智能模块的优点；支持网络数据加密、Active X 控件、数据库连接、网络功能、信息安全等，扩展性强，可与其他计算单元联网通信。软件应具有基于 Windows 操作平台，组态软件具有接口开放、用户界面友好、可操作性强等特点，锅炉能效远程监控系统软件应具有人机交互直接友好，可以通过界面控制完成能效远程监控系统软件层功能定义中包含的远程传感器数据接收、传感器数据数值化和图形化显示、能效计算、测试数据管理、报表生成等各项功能。

7.3.4　远程监控系统流程

在进行测试前，锅炉能效测试人员应根据锅炉使用数据实时录入程序，布置好相关硬件设备并连接传感器后，实现将远程传感器数据发送的锅炉出水温度、锅炉表面温度、入炉空气温度、炉腔温度、排烟温度、进水温度、循环水流量、烟气分析成分等参数直观地显示在终端设备对应的位置，方便测试人员直接全面掌握锅炉各部分的运行情况，为计算能效提供数据支持。

将采集到的温度、压力等参数信号输入到采集计算机后，要计算锅炉的出力及热效率还需要将出水温度和压力转换为相应的焓值数据。锅炉产生的有效能量主要是通过对水进行加热，使燃烧能源产生的热量转换为水的热量，加热后的水存在多种状态：液体、蒸汽、液体和蒸汽混合体。锅炉燃烧产生的有效能量计算方法为加热液体（或蒸汽）流量与液体（或蒸汽）比焓值的乘积，监测系统能够实现对锅炉检测的所有热工仪表、气体分析仪表的测量结果自动地进行采集和分析计算，并即时输出数据及测试结果，且以数字或实时及历史曲线的形式进行显示。系统将实时显示各测量单元的温度，还可以将锅炉进出口压力、温度的变化情况实时存储，并将其数据值以曲线图的形式在显示平台界面中显示出来。

系统对锅炉能效数据进行分析计算，并将锅炉进出水温度、环境温度、进出水压力、蒸汽压力等关键数据使用曲线图显示，实现具体体现锅炉运行参数的变换情况，传感器数据实时图像化显示，可以实时显示每一时刻锅炉多个重要参数的变化，可动态显示各个参数与锅炉热效率的关联。

使用锅炉参数图像化显示，可以动态观察锅炉在实际运行过程中各重要参数的实时变化情况，以监控锅炉的运行状态，以及实时分析某一重要参数的改变对整个锅炉能效效率的影响，或者测试人员调节某一参数，以找到影响锅炉能效效率的主要原因和影响程度。

采集系统的数据分析。计算机通过以太网与采集计算机通信，将采集计算机获取及计算出的各项数据以图形化的人机界面显示给检测人员，并将所有测量结果存入历史数据库供日后查询，同时通过报表输出模块实现报表输出，并以电子表格格式存储文档，供检测人员进行进一步的分析使用。

监测系统在完成检测试验后，能依据所记录的试验数据自动生成实验报表，数据报表的时间间隔可依据相关测试标准任意调整，并以电子表格文件形式输出报表，将整理能效损耗的详细数据，以及每一项实验数据的传感器监测数值和系统分析的能量损耗情况。

数据采集系统可将记录传感器数据采集时间、各传感器数据实际数值以及当前时刻的锅炉能效值，当测试人员需要事后分析锅炉能效以及寻找节能的相关措施时，可查询历史数据进行整理分析。

在能效测试过程中，应保证锅炉在测试过程中煤和燃气等燃料的品质、锅炉运行功率、蒸汽锅炉的工作压力、过热蒸汽的温度等参数的波动范围满足测试要求，而在实际测试过程中，由于传感器等因素将引起一定程度的能效测试结果波动，除了锅炉本身的参数，其锅炉给水温度、给水流量、设定的过量空气系数、排烟温度、入炉冷空气温度、给定的锅炉水位、燃烧煤堆积程度、进气口空气流速、炉排转速等参数的变化也会对测试结果造成影响。

7.4　系统总体方案设计

锅炉能效远程监测系统数据传输的可靠性与安全性直接关系到锅炉企业的切身利益，如何高效、可靠、低成本地对分散在各地的锅炉进行实时监测与管理是构建监测系统的关键，因此在锅炉能效远程监测系统的总体架构时，要重点解决。由于锅炉用户地域分布范围广，需要设计合理的网络架构，才能既保证通信流畅，又能减少不必要的投入。

7.4.1　系统总体架构设计分析

目前常用的是一层网络，即服务器与各个安装在锅炉运行现场的数据采集装置直接通信，这种组网方式结构简单，但由于锅炉用户数量大、网络节点多，势必造成完成一次轮询所需的时间很长，无法保证系统的实时性。因此，能效远程监测系统一般采用二层网络架构，又因为同一个锅炉使用单位所使用的锅炉均安置在同一个锅炉房内，因此可以在该锅炉房的办公系统中配置一个网络数据终端，该网络数据终端与现场数据采集装置组成二级子网，同时所有网络数据终端与远程服务器构成一级网格。网络数据终端轮询子网内各现场数据采集装置，服务器则轮询各个网络数据终端。这样不但有效地提高了数据采集效率，而且服务器亦可经网络数据终端与现场数据采集装置实现通信。

7.4.2　一级网络通信方式

网络通信的实现方式可分为有线传输和无线传输，系统的一级网络若采用无线传输方式则显得非常灵活，它具有建设周期短、运行维护简单、性价比较高以及安装环境不受布线条件限制等优点。目前长距离无线通信方式主要有电台通信方式、CDMA 通信方式、无线集群通信方式和 GPRS 通信方式等。电台数据传输方式由于投资成本高，且数据传输可靠性差,目前应用范围比较狭窄;集群通信具有自动选择信道、资源共享以及费用分担等特点,但是由于专网覆盖范围有限、投资大,现在的应用范围同样比较狭窄;CDMA 的通信方式与 GPRS 通信方式相比拥有更低的功耗、更高的用户容量以及更强的稳定性,但在成本和网络覆盖率上要比 GPRS 稍逊一筹;GPRS 通信方式是指监控系统以 GPRS 为基础,通过 GPRS 网络完成远程数据传输和远程终端监控的通信方式,GPRS 网络支持 TCP/IP 协议、信号覆盖范围广、通信质量可靠、实时在线、传输速率高、通信费用低,与其他远程无线通信方式相比,GPRS 具有更高的数据传输速率、更低的使用成本、更容易实现组网,可以说,GPRS 是当前远程无线监控系统中性价比最高的通信方式。但是如果使用 GPRS 通信方式,用户需要向移动公司购买 SIM 卡,同时需要定期缴纳流量费,这种情况下锅炉用户长期投入较大,显得非常不经济。

系统的一级网络若采用有线传输方式,则必须在现场架设电缆,并使之能够连接到因特网。有线传输与无线传输相比拥有更高的传输速率、更好的稳定性以及更低的误码率,但是有线传输的应用环境受到现场布线的限制,若在没有安装传输线的现场进行布线,必将消耗大量的人力、物力。基于这种情况,一级网络可以采用有线传输方式,采用锅炉房原有的电脑作为网络数据终端,在该数据终端上运行应用程序,实现网络数据终端与远程服务器的通信。这样做可以利用已有的网路资源连接到因特网而不需要额外地架设电缆,而且无须购买 SIM 卡,也无须缴纳 GPRS 流量费,从而大大降低了锅炉用户的投入成本。

7.4.3　二级网络通信方式

二级网络用于实现锅炉房办公室的网络数据终端(计算机)与安装在锅炉运行现场的数据采集装置进行通信。若是二级网络通信采用有线传输方式,则需要重新架设电缆,这样做不仅增加了额外开销,而且会造成锅炉运行现场布线过多,给现场司炉工工作带来不便,进而增加安全隐患。

由于锅炉运行现场距离锅炉房办公室仅有几十米甚至几米的距离,因此可以使用短距离无线通信的方式进行组网,这样可以有效地避免使用有线传输方式带来的诸多不便。随着通信技术的发展,短距离无线通信技术正日益走向成熟,应用范围也不断扩大。一般来说,只要通信双方通过无线电波传输信息且传输距离限制在较短范围内,就可称之为短距离无线通信。目前短距离无线通信技术都有非常便捷的特点,或着眼于传输速率、距离、功耗的特殊要求,或基于功能的扩充性,或符合某些应用的要求,或建立于竞争技术的差异化等,但是没有一种短距离无线通信技术可以满足所有的需求,下面简单介绍一下目前应用比较广泛的几种短距离无线通信技术。

(1)红外技术。采用红外光传输信息,是使用范围最广的无线通信技术,它利用红外光的通断表示计算机中的 0-1 逻辑,其有效传输半径为 2 m,发射角不超过 20°,传统通信速率可达 4 Mbit/s,红外技术采用点到点的通信方式,数据传输干扰少、保密性强且价格便宜,但红外技术只能应用于两台设备间的通信,无法灵活组网,而且红外技术传输数据时两个设备之间不能有障碍物阻挡。另外,红外技术有效距离非常小,且无法应用于移动的设备。

(2)蓝牙技术。采用无线电射频技术实现设备之间的无线通信,与红外技术相比,蓝牙技术具有较强穿透能力并且能够全方位传送,蓝牙技术使用 2.4 GHz 的 ISM 频段,具有全球可操作性,最大传输速率为 1 Mbit/s。蓝牙技术更强调设备之间的连接,而不是客户机与服务器之间的连接。但是蓝牙技术还存在芯片大小和价格难以下调、抗干扰能力不强、传输距离太短等问题。

(3)Zigbee,是一种新兴的短距离无线网络技术,Zigbee 技术广泛应用于短距离范围之内并且数据传输速率要求不高的各种设备之间通信。Zigbee 技术可以说是蓝牙技术的同族兄弟,它同样使用 2.4 GHz 波段。与蓝牙技术相比,Zigbee 更简单,功率及费用也更低,但其传输速率也更低,Zigbee 技术的基本传输速率是 250 kB/s。当传输速率降低到 28 kB/s 时,其数据传输有效距离可扩大到 134 m,另外,它可与 254 个节点联网。

(4)Wi-Fi,俗称无线宽带,有效通信距离为 100~300 m。Wi-Fi 无线网络最大的优点是兼容性,只需在原有网络上安装 AP,即可提供无线网络,终端设备装上无线网卡,就可以通过网络上 AP 创建的无线网络访问所有资源,就像使用有线局域网一样,却可以免除布线带来的麻烦。Wi-Fi 技术因其具有较强穿透能力,能够全方位传送数据,而且建网速度快,可用来组建大型无线网络。同时由于其运营成本低、投资回报快,正逐渐受到电信运营商和制造商的青睐。

对比以上几种技术可以发现,由于传输距离上的局限性,蓝牙和红外技术不适合应用于锅炉能效远程监控系统,Zigbee 技术和 Wi-Fi 技术可应用于系统组网。另外,由于锅炉房中所使用的网络数据终端是普通计算机,若使用 Zigbee 技术组网,则需在现场数据采集装置及计算机上都安装 Zigbee 模块,并且需要额外开发上位机应用软件来实现计算机与 Zigbee 模块的通信。若使用 Wi-Fi 技术组网,则只需在数据采集装置上安装无线网卡即可实现组网。所以综上考虑,二级网络使用 Wi-Fi 技术进行组网较为合适。

7.4.4　系统整体架构设计

根据上述分析可以确定锅炉能效远程监测系统的整体架构,即整个系统由现场数据采集装置、现场监测显示装置、网络数据终端、远程信息平台以及用户客户端组成。各个组成部分的具体功能介绍如下。

7.4.4.1　现场数据采集装置

在锅炉的各个位置安装有特定的传感器和变送器,现场数据采集装置负责采集这些传感器和变送器所给出来的信号,并将采集好的信号传给现场监测显示装置,同时现场数据采集装置还需与网络数据终端(办公室计算机)建立无线连接实现数据传输。

7.4.4.2　现场监测显示装置

现场监测显示装置主要用于接收来自于现场数据采集装置所发送的数据,并对这些数据进行管理,实时显示锅炉当前的运行状况,需要做到人机界面友好。

7.4.4.3　网络数据终端

网络数据终端承载着底层数据采集装置到远程信息平台的信息转换,以实现对锅炉运行数据的远程数据采集与管理。具体来说,网络数据终端通过与现场数据采集装置上的 Wi-Fi 模块建立无线连接,接收来自于现场数据采集装置所采集到的数据,同时网络数据终端还需通过 Internet 网络与远程服务器建立连接,将接收到的底层数据发送给远程服务器。

7.4.4.4　远程信息平台

远程信息平台用于对各节点锅炉运行情况进行实时监测,实现对锅炉运行实时数据的处理、存储;对锅炉运行状况进行安全分析评价;对锅炉能效进行计算与分析评价;将测量结果通过互联网反馈给该锅炉值班室及该企业相关管理终端(计算机),从而促进企业努力提高锅炉的能源利用率,减少锅炉大气污染物的排放以及维护锅炉安全稳定运行。远程信息平台包含应用程序服务器、Web 服务器、数据库服务器以及监控客户端,它们与监管机构内部局域网连接。其中 Web 服务器和应用程序服务器需要连接至公共互联网。

主要应用流程为:应用程序服务器开启基于 TCP/IP 协议的服务器,监听外部连接,而锅炉房办公室内的网络数据终端通过 Internet 网络连接至服务器,从而实现与服务器的通信。服务器应用程序定时向在线网络数据终端发送查询命令,网络数据终端则在接到命令后按照协议格式向服务器发送数据。服务器应用程序同时实时更新数据库,并通过界面实时显示网络数据终端的连接状况。

数据库服务器用来存储和管理所有相关数据,并通过内部局域网供 Web 服务器、应用程序服务器和监控客户端访问。数据库的设计直接关系到存储空间的分配和数据资源的检索效率,要做到减少冗余、增加关联性。

Web 服务器发布用户登录网页。用户登录网页可供用户查看个人信息以及锅炉数据信息。设计时需要结合网页发布技术与信息安全防护技术,防止出现漏洞遭受黑客攻击,保证服务器的稳定安全运行。

监控客户端用户具有比普通锅炉用户更高的权限,监控客户通过 Web 服务器发布的登录网页登录系统之后,可以进行系统用户管理、实时数据管理、参数设置、历史数据管理、记录管理以及用户信息管理等操作。

用户客户端即是普通锅炉使用单位,该单位通过 Web 服务器发布的登录网页登录以后,可以查看个人信息以及锅炉的数据信息。

第8章 电站锅炉能效远程监控系统设计

8.1 电站锅炉能效远程监控系统研究

8.1.1 我国火电机组风烟系统现状

煤炭在我国能源结构中的比重达70%,发电消耗原煤占国内煤炭消费总量的55%左右。目前火力发电虽逐年降低,仍占电力总装机容量的70%左右,超过总发电量的75%以上,煤炭资源在一段时间内依然将快速消耗,一次能源的紧缺将会面临越来越严峻的形势。火电机组作为用能大户,其能耗水平的高低直接影响整个国家的能源利用效率。国家发改委、环保部、能源局联合印发《煤电节能减排升级及改造行动计划》,为进一步提升煤电高效清洁发展水平提出了行动目标:我国在"十一五"期间完成供电燃料耗从370 g/(kW·h)降到333 g/(kW·h)的目标,并争取实现下降到310 g/(kW·h)的目标。因此,对火电机组开展节能诊断,挖掘机组的节煤潜力势在必行。

风烟系统作为火电机组的重要系统之一,其是否经济运行直接影响机组能耗水平的高低。风烟系统中所含三大风机,其耗电率占厂用电率的25%~35%;炉膛负压的稳定性、配风的合理性直接影响燃烧效率;烟道是否漏风、空预器能否无故障运行直接影响排烟热损失的大小。因此,风烟系统安全经济运行会使厂用电率降低,锅炉效率升高,机组的节煤潜力上升。因此,准确获取风烟系统参数的可达目标值,对风烟系统进行能效评价与诊断,得出能效降低的因素,采取相应的措施,使风烟系统保持较高的能效水平,具有十分重要的意义。目前,风烟系统在节能降耗、提高能效水平的工作上还面临如下几个方面问题:

(1)由于火电厂在实际运行过程中,受环境温度、煤质参数、设备老化、变工况等影响,很难获取参数的基准值,这对于运行优化调整形成了很大的阻碍。

(2)如何及时准确获取整个系统的运行状态。

(3)如何确定风烟系统中每个设备的运行能效水平。

(4)当设备能效水平降低时,如何及时诊断影响因素。

(5)在确定影响因素之后,通过何种操作提高其能效水平。

保持风烟系统运行具有非常重要的作用,风烟系统在提高能效水平方面存在的诸多问题,而从另外一个角度来看,也可以得出风烟系统存在相当大的节煤潜力,具有很大的优化空间。针对风烟系统进行研究,获取参数基准值,对其能效状况进行实时监测,对其能效水平进行动态评价,诊断能效水平降低的原因,给出相应的处理措施,致力于使风烟系统能效水平最优。

8.1.2　火电机组风烟系统能效评价技术

随着信息技术的飞速发展,火电机组的能效评价与诊断已从传统的离线试验分析发展为目前的在线监测与诊断。欧美等发达国家对机组进行诊断研究,提高能效水平的过程中,主要是根据火电机组现场需求,采用先进的技术开发出对应的商业软件,其中包含许多功能模块,在机组中投运,取得了很好的效果。美国电力科学研究院通过深入研究,制定了一系列行业规范,为随后的机组运行水平的提高奠定了基础。包括:德国西门子公司的电站优化解决方案 Sienergy,主要包括机组性能的在线优化、文件和接口的性能优化及设备运维的优化管理等功能模块。瑞士 ABB 公司的电站运行优化软件包 Optimax,在线计算火电机组运行效率,它是以成本为核心,使整个机组始终处于生产成本最低的状态下运行。其中以模型为基础的诊断模块是一个实时的专家系统,具有专用于电厂运行优化调整的知识库,知识库还以故障树显示不会互相干扰的相互影响关系;评估电厂中各设备或系统状态,给出运行参数或者运行状态发生偏离的原因,同时给出调整意见以及处理措施。此外,还有美国通用物理公司研发的 EtaPRO 性能监测和优化系统等。发达国家机组能效水平比较高,火电机组供电燃料耗比我国相同机组要低,主要得益于评价与诊断系统理论研究的准确性和系统在火电厂的成功应用,优秀的电站机组运行优化系统,在电厂实际运行过程中,使其长期稳定运行在最佳的状态点上,降低了生产成本,提高了经济效益。

为提高风烟系统的能效水平,国内相关研究部门主要从风烟系统中设备故障消缺进行考虑,准确分析一次风机发生喘振,引风机在低负荷时发生抢风的原因,并给出相应的处理措施,从而保证炉膛负压,煤粉正常输送,对于整个机组的安全经济运行十分有利。通过对风烟系统能耗高的设备进行改造,对于引风机采用小电机驱动,减小了厂用电率;同时将引风机与脱硫增压风机合并,减小了烟道阻力,从而起到节能的效果。火电机组风烟系统自动控制程度比较高,设置不合理会引起故障发生,从而影响机组的经济性甚至安全性。因此,要降低风机耗电率,关键在风机的选型、风烟管道的设计等,用以提高风烟系统经济运行的主要措施。

在理论研究方面,主要有运行参数基准值的获取、能效评价方法的研究、节能诊断方法的研究。对于基准值,有设计值法、变工况热力计算法、热力性能试验、数据挖掘等。对于设计值法,可以作为别的方法一种修正验证,但不适于充当在复杂多变的工况下运行参数的基准值;变工况热力计算法比较烦琐,而且忽略了许多影响因素;热力性能试验主要是周期长,现场实施比较麻烦;数据挖掘的方法基于数学算法对数据进行处理,近年来得到了广泛的应用。对于系统能效水平进行评价时,用到的方法往往会涉及参数或指标权重的确定,其中有层次分析法、主成分分析法,分别采用的是主观权重和客观权重,另外还有主客观权重结合的方法。对于节能诊断技术,其中应用较多的是热偏差法,通过参数与基准值的差值,结合各参数的耗差因子,可以得到参数偏离导致能耗水平的上升值,为运行人员调整指明了方向。

对于能效评价与诊断,主要应从整个火电机组入手进行研究,包括运行参数基准值的获取方法、重点参数及性能指标的监测、参数的软测量、评价方法的改进、诊断方法及故障识别的方法研究等。将这些方法以软件开发的形式形成系统,对机组进行监测评价与诊断,挖掘机组的节能潜力。同时,还应针对风烟系统进行能效评价与诊断工作,主要是针对风烟系统进行仿真建模、风机改造等方面进行研究,进行相应的评价与诊断,开发出一套风烟系统能效评价与诊断系统。主要的研究方向及内容有以下几个方面:

(1)确定风烟系统设备树和指标体系。根据风烟系统所含设备,建立设备树。分析设备结构功能,以经济性为主,建立能效指标体系。分析指标选取依据,同时对系统指标进行相关计算。

(2)确定运行参数及指标的基准值。根据参数特性,采用 K-means 聚类的方法对能效指标体系中涉及的参数进行挖掘,得到各工况下参数的基准值。同时基于 EBSILON 模型验证基准值的合理性。由参数的基准值进行相关计算得到指标的基准值。

(3)耗差因子分析。选用典型工况下参数的基准值,分析能效指标变化对供电燃料耗率的影响以及参数变化对指标和供电燃料耗率的影响。同时基于 EBSILON 模型验证耗差因子的准确性。由耗差因子用于评价模型中指标权重的确定及节煤潜力的计算。

(4)构建风烟系统能效评价模型,对系统参数、指标分别给出评语。根据指标的耗差因子确定各指标的权重,进而得到系统的评语。由节煤潜力计算公式得到参数、指标及系统的节煤潜力,给出风烟系统综合评价结果。

(5)根据风烟系统能效水平较低的情况,依据所建立的能效指标体系,确定能效异常模式。基于故障树分析法,确定能效影响因素。将其分为运行参数可调类和可维护类影响因素,建立能效诊断知识库,编写相应的诊断规则,进行实时诊断。对于可维护影响因素如空预器的积灰、漏风建立在线识别模型,找到具体原因,采取相应的处理措施,从而使风烟系统保持较高的能效水平。

(6)以风烟系统为研究对象,开发出一套能效评价与诊断系统。对风烟系统的能效状态进行实时监测,对其运行水平进行动态评价。针对评价结果较差的情况,触发诊断,生成诊断报表,为现场运行人员调整指明方向,降低系统的能耗水平。

8.1.3 风烟系统能效指标构建及基准值的确定

对火电机组风烟系统能效评价,首先应通过建立风烟系统设备图,分析各设备功能,提取需要重点监测与分析的指标,建立风烟系统指标体系。通过数据挖掘的方法获取参数在全工况下的基准值,由参数的基准值结合建立起来的指标体系,得到指标的基准值,即指标的寻优,为后续参数的耗差分析、节煤潜力的计算及能效诊断做铺垫。

火电机组风烟系统一般由水平烟道、尾部烟道、送风管道及相关设备组成。其包含的主要设备有炉膛、空气预热器、送风机、一次风机、引风机。

风烟系统的基本功能是:①向炉膛提供合适的一、二次风,使燃料在炉膛内充分燃烧,提高燃烧效率;②通过调节送风量与引风量的匹配度,维持炉膛负压,减少炉膛漏风并保持火焰中心高度在规定的范围内;③由空气预热器回收烟气余热降低排烟温度,同时加热燃料燃烧所需要的空气,提高炉膛温度,最后将充分利用后的燃烧产物经除尘处理后抽入烟囱排向大气。

为提高风烟系统的能效水平,应采用合理的一、二次风配比,保持送引风配合良好,空预器设备无故障运行,从而降低燃烧损失、排烟热损失,提高锅炉效率;降低三大风机的耗电率,减小厂用电率,最终起到降低机组供电燃料耗率、提高风烟系能效水平的目的。

8.1.3.1　空气预热器结构功能分析

空气预热器(简称空预器)是电站锅炉的重要辅助设备,主要用于回收烟气热量,降低排烟温度,减少排烟损失,同时加热炉膛中燃料燃烧所需要的空气,提高炉膛温度,加快燃烧反应速率,从而提高燃烧效率,降低燃烧损失。

空预器的传热方式有传热式(管式)和蓄热式(回转式)两大类,对于管式空预器,烟气和空气有各自的通道,通过连续地传热,烟气将热量传给空气。在回转式空预器中,烟气将热量传给蓄热板,旋转的蓄热板再将烟气传给另一侧流动的一、二次风,从而回收烟气热量,完成连续传热。目前,回转式空预器比传热式空预器的优点在于具有较高的传热密度、布置比较灵活、结构紧凑、节约钢材、成本较低等,在大中型火电机组中占有很大的份额。

8.1.3.2　风机结构功能分析

风机主要是一种能量转换装置,将电机的电能转化成气体的动能和压力能。风机的种类很多,其中有容积式和叶片式。在火电机组中主要采用叶片式风机,其中叶片式风机又分为离心式和轴流式。随着锅炉单机容量的逐渐增大,离心式风机受叶轮材料强度的限制,在电厂中已逐渐被轴流式风机所取代,同时在这种情况下,采用轴流式风机也会得到比离心式风机较高的效率。轴流式风机又分为静叶可调型和动叶可调型,静叶可调型风机在对烟尘浓度的适应性方面优于动叶可调型风机。一般在电厂中,三大风机都采用两台并联运行,风机较易出现的故障有失速、抢风、喘震等。因此,对于风烟系统,在风机选型过程中,应根据各风机的工作环境,进行合理选型,避免选型不当造成故障或者耗电率升高的情况出现。

8.1.4　燃烧损失

燃烧损失变大导致锅炉效率降低,从而引起供电燃料耗率升高。因此,将燃烧损失作为风烟系统的能效指标。风烟系统通过合理的风煤配合,即适当的过量空气系数,一、二次风配合,减少燃烧损失。

燃烧损失包括气体未完全燃烧热损失、机械未完全燃烧热损失。气体未完全燃烧热损失(%)的值可按燃料种类和燃烧方式选择。通过分析计算公式可得,飞灰含碳量、炉渣含碳量的大小会直接影响燃烧损失的大小。因此,在燃烧损失的下一层能效指标中选取飞灰含碳量和炉渣含碳量。

8.1.5　排烟热损失

排烟热损失增大使锅炉效率降低,进而增加机组的供电燃料耗,因此将排烟热损失作为风烟系统的能效指标。通过减少炉膛漏风,合理的配风方式,降低炉膛出口烟温,保证受热面清洁运行,进而降低排烟温度;减少烟道及空预器的漏风,降低排烟体积,达到降低排烟热损失的目的。由计算公式可得,排烟热损失的大小主要取决于排烟温度和排烟体积;当煤质参数不变时,排烟氧量直接影响排烟体积的大小。因此,排烟热损失的下一层能效指标选取排烟温度和排烟氧量。

8.1.6 风机耗电率

在大型燃煤机组中，对于风烟系统三大风机，送风机的主要作用是向炉膛输送热风，供燃料的及时燃烧；一次风机的主要作用是干燥并输送燃料，提供燃料初期燃烧所需的氧量；引风机的主要作用是与送风机配合，维持炉膛负压。三大风机的耗电占机组负荷份额的1.2%~3.5%，若风机运行状况变差，耗电率变高，会导致厂用电率的提高，进而提高机组的供电燃料耗，因此选用耗电率作为风机的能效指标。

风机耗电率大小主要取决于风机电流与机组有功功率，因此将风机电流及机组有功功率作为风机耗电率的下一层能效指标。

8.1.7 空预器漏风率

空预器漏风使排烟热损失增加，通风电耗增加。漏风严重时还会造成锅炉供风不足，燃烧不完全，从而影响锅炉出力。空预器的漏风主要分为携带漏风和直接漏风，携带漏风主要是指残留在蓄热板中的空气随着蓄热板的旋转进入到烟气侧，这部分漏风取决于转子转速，相对来说比较小，一般不会超过1%。直接漏风是空预器漏风的主要原因，因为空预器属于旋转机械，因此动静部件之间存在间隙，当有压差作用时，就会存在漏风。设计良好的空预器漏风率为5%~8%，漏风严重的可达20%~40%。

空预器的漏风率是指漏入空预器烟气侧的空气质量与进入空预器的烟气质量之比。在空预器进口烟气含氧量不变的情况下，如果空预器出口烟气含氧量偏大，说明空预器漏风率升高。因此，在空预器的下一层能效指标中选取空预器进口和出口烟气含氧量。

8.1.8 能效指标基准值的确定

常用基准值确定方法有设计值法、热力试验法和变工况计算方法等。此类方法存在工况、环境温度和煤质对于空冷机组还有环境风速等边界条件局限性问题，而且不能适应设备老化和设备改造等情况。本节对于风烟系统中涉及的大部分参数，基于K-means聚类的方法，结合参数的特性，从特定电厂的历史数据中寻找出该电厂在不同边界条件下机组参数的实际可达基准值；对于飞灰含碳量和炉渣含碳量，采用机组大修后热力性能试验数据，近似作为参数基准值，得到参数基准值后基于指标计算模型获得指标基准值。

8.1.8.1 K-means 算法基本原理

K-means算法的基本原理是：第一步，将数据集分为*K*类，随机选取*K*个数值作为初始聚类中心，采用欧式距离算出每一个参数距离聚类中心的距离，将距离最近的归为一类，这样分成了初始的*K*个数据群，然后计算*K*个数据群中数据的平均值作为新的聚类中心。第二步，比较聚类中心与初始聚类中心是否相同，如果不同，将新的聚类中心作为初始聚类中心，重复第一步的计算流程，再次得到新*K*个聚类群和聚类中心，如此循环往复，直到两次之间计算的聚类中心相同，使数据不再被重新分类，这个时候标志着该算法结束，得出的聚类中心就是所需要挖掘的数据。

将K-means算法应用到风烟系统参数的数据挖掘中，结合参数的特性，得到风烟系统参数的基准值，根据指标计算模型，由参数的基准值得到指标的基准值，以下进行实例分析。

8.1.8.2　基准值获取

为了获得各个参数在不同工况下的运行基准区间,需要对电厂一年的运行历史数据(认为覆盖了电厂运行所有可能的负荷范围和环境温度范围),从中寻找出在不同工况类别下,各个运行参数对应的基准区间。

1.对历史数据的处理

(1)获取稳定工况数据。

在运行参数历史数据中,既有机组稳定运行时刻的数据,还包括机组变负荷时的数据,只有机组稳定运行时刻的历史数据对寻找参数基准区间有意义。因此,首先要对历史数据进行"判稳"处理,把非稳定工况下的数据剔除。

因为主蒸汽压力对工况的变化最为敏感,如果主蒸汽压力在一段连续的时间内保持小范围波动,则可以认为这段时间机组的工况是比较稳定的。所以,选取主蒸汽压力进行稳定工况数据的筛选。

对于稳定工况数据的筛选,采用搜索算法。该算法的核心是计算稳定在平均值附近数据的概率,当计算出的概率大于规定的稳定值时,认为此段时间内数据是稳定的。具体步骤如下:①选取合适的变化幅度和稳定值,选取变化幅度和稳定值。②计算选取时间段内数据的平均值。③根据平均值和变化幅度,得到数据波动区间,定义此区间为稳定区域;计算稳定区域内数据出现的概率,如果大于 95%,则判定稳定。然后在此基础上增加小段时间,继续判断数据的稳定性,直到找到不稳定的时间点。

(2)划分工况。

对机组运行状况产生较大影响的主要边界条件是负荷、环境温度以及煤质,由于燃料无法做到在线监测,在实时计算时,采用每个班组的化验值,因此把机组的负荷和环境温度作为分类条件,将机组运行分为多种工况。以某 1 000 MW 机组为例,取电厂有功功率和环境温度两参数一年的历史记录数据,分别对它们进行分类,有功功率分为 25 类,所取间隔为 25 MW,最低功率为 400 MW,最高功率为 1 025 MW。环境温度分为 10 类,所取间隔为 5 ℃,最低温度为 -10 ℃,最高温度为 40 ℃。将机组运行工况划分为 250(25×10)类。

2.优秀历史运行数据的获取

运行参数基准值的确定是为了更好地指导运行,使机组长期保持较高的能效水平。以某 1 000 MW 机组有功功率范围、环境温度范围工况下,经过判稳的历史数据为例,进行数据挖掘。

在采用 K-means 聚类之前,首先对需要挖掘的参数进行分类,即正参数、负参数、区间参数。正参数即参数越大,机组经济性越好;负参数即参数越小,机组经济性越好;区间参数即参数处于某一区间范围内,机组具有较好的经济性。由能效指标计算过程可知风烟系统参数类别。

8.1.9　风烟系统耗差因子分析及能效评价

8.1.9.1　耗差因子分析模型构建

耗差因子即在函数关系式中,自变量变化一个单位因变量的变化值。风烟系统耗差因子分析中，主要分析指标对供电燃料耗率的耗差因子，以及参数对指标及供电燃料耗率的耗差因子，从而证明参数在基准值附近运行的重要性，同时也可以进一步证明为什么选取这些参数、指标来构建风烟系统的指标体系。

因此，当计算某一运行参数对供电燃料耗率的影响时，首先计算出该参数变化引起热耗、锅炉效率、管道效率和厂用电率的变化量，然后就可以得出供电燃料耗率的变化量。在实际电厂运行中，热耗、锅炉效率、厂用电率是不断变化的，管道效率可以认为不变。当锅炉运行参数变化时，对锅炉效率产生影响，而对热耗产生的影响很小或者认为热耗不变。因此，在分析风烟系统运行参数的变化对供电燃料耗率的影响时，可以假设热耗和管道效率不变。

8.1.9.2 能效指标耗差因子

能效指标对供电燃料耗率的耗差因子主要有以下几个：

(1)燃烧损失耗差因子。燃烧损失对供电燃料耗率的耗差因子，是由于燃烧损失中不考虑气体未完全燃烧热损失，因此这里的燃烧损失指的是机械未完全燃烧热损失。在不同负荷下，当燃烧损失升高时，锅炉效率降低，供电燃料耗率升高。在燃烧损失升高值不变的情况下，随着负荷的降低，其对锅炉效率的影响不变，但却使供电燃料耗率逐渐增大，机组的能耗水平逐渐上升。

(2)排烟热损失耗差因子。排烟热损失通过影响锅炉效率，进而影响供电燃料耗率，在燃料和其他运行参数基本不变的条件下，计算出不同负荷下排烟热损失升高1%对锅炉效率和供电燃料耗率的影响，其计算结果和结论与排烟热损失相同。

(3)风机耗电率耗差因子。风机耗电率偏大，会使厂用电率升高，进而导致供电燃料耗率的升高，当只有风机耗电率发生变化的情况下，分别计算出典型负荷下风机耗电率升高1%厂用电率和供电燃料耗率的影响。当风机耗电率升高时，厂用电率升高，供电燃料耗率上升。在风机耗电率升高值不变的情况下，随着负荷的降低，厂用电率变化量保持不变，但供电燃料耗率变化量逐渐增大，机组的能耗水平逐渐升高。

(4)空预器漏风率耗差因子。由于空预器漏风率变大，会导致排烟氧量升高，从而使风机耗电率和排烟热损失升高，进而对供电燃料耗率产生影响。当空预器漏风率升高值不变时，随着负荷的降低，供电燃料耗率变化量逐渐增大，机组经济性越来越差。

(5)飞灰含碳量耗差因子。对于不同负荷，在煤质和其他运行条件基本不变的条件下，计算出不同负荷下飞灰含碳量升高1%对燃烧损失、锅炉效率和供电燃料耗率的影响。

飞灰含碳量升高会导致燃烧损失变大、锅炉效率降低、供电燃料耗升高。在飞灰含碳量升高值不变的情况下，负荷越低，供电燃料耗越高，机组的能效水平越低。

炉渣含碳量耗差因子分析方法及所得结论与飞灰含碳量相同，仅计算结果不同，这里不再详述。

(6)排烟温度耗差因子。当煤质一定时，理论干烟气量和理论干空气量一定；干烟气和水蒸汽比热虽与烟气温度有关，但当烟温变化不大时，可以认为不变；当过量空气系数一定、环境温度一定时，只有排烟温度影响排烟热损失。当排烟温度升高时，排烟热损失增大，锅炉效率降低，供电燃料耗升高。在排烟温度升高值不变的情况下，负荷越低，其对机组能耗水平的影响越大。

与排烟温度、飞灰含碳量有关的损失还有灰渣物理热损失，但经计算可得灰渣物理热损失比机械未完全燃烧热损失、排烟热损失小 2~4 个数量级。通过排烟温度、飞灰含碳量变化对灰渣物理热损失的影响进而导致锅炉效率的变化量非常小。因此，只分析与排烟温度、飞灰含碳量有关的排烟热损失与机械未完全燃烧热损失，进而得到其对供电燃料耗的影响。

(7) 排烟氧量耗差因子。排烟氧量是锅炉运行中的重要参数，通过影响过量空气系数、排烟温度、飞灰含碳量，导致锅炉效率的变化；同时会导致送引风机总耗电率发生变化，使厂用电率发生变化；最后反映整个机组能耗水平的变化。

由于排烟氧量变化，使排烟温度、飞灰含碳量和送引风机耗电率发生变化，不同的锅炉结构和传热特性不同，没有一个准确的通用公式。可以分别求出排烟温度、飞灰含碳量、送引风机耗电率对排烟氧量的偏导数。然后得出排烟氧量发生变化之后，锅炉效率、厂用电率、供电燃料耗率的变化量。当排烟氧量升高时，锅炉效率降低，厂用电率上升，供电燃料耗率升高。当排烟氧量升高值不变时，随着负荷的降低，机组的能耗水平逐渐升高。

(8) 风机电流耗差因子。风机电流通过影响风机的耗电率，使厂用电率发生变化，进而影响供电燃料耗率。风机电流耗差因子分析方法适用于送风机、引风机和一次风机。

风机电流升高导致风机耗电率、厂用电率和供电燃料耗率上升。当风机电流升高值不变时，随着机组负荷的降低，供电燃料耗率逐渐上升，机组经济性逐渐降低。由不同工况下风烟系统耗差因子计算可知，风机电流、炉渣含碳量耗差因子较小，飞灰含碳量实时性较差，燃烧损失与排烟热损失耗差因子相同，不同风机耗电率耗差因子相同。

8.1.9.3　风烟系统能效诊断

根据以上分析，可以对任意工况下风烟系统能效水平进行动态评价，并计算系统节煤潜力，展示系统的煤耗水平。当评价结果较差，节煤潜力较大时，对偏离基准区间的指标进行能效诊断，发现能效指标偏离的原因，采取相应的处理措施，降低风烟系统的能耗水平。

通过风烟系统耗差因子可知，当参数、指标偏离基准区间时，会导致风烟系统总煤耗的上升。据此引出风烟系统能效异常模式为：燃烧损失偏大、排烟热损失偏大、送风机耗电率偏大、引风机耗电率偏大、一次风机耗电率偏大、空预器漏风率偏大，将影响因素分为运行可调参数和可维护类故障。

故障树分析法广泛地应用于系统的安全性分析和可靠性分析，它借助故障树图建立的逻辑关系图，来分析可能引起顶事件的底事件合集，即故障原因。对于故障发生的原因，以及原因与故障之间的逻辑关系，可以通过故障树分析，全面形象地表述出来。对更好地了解、掌握系统控制的要点和提出相应的预防、维护等措施具有重要的指导意义。

故障树分析法有两种，一种是定量分析法，另一种是定性分析法。在确定顶事件的发生概率、关键重要度等时，可采用定量分析方法。应用最广泛的是定性分析方法，即运用布尔代数法求得故障树的最小割集。通过计算出最小割集，可以确定影响顶事件的因素。

风烟系统能效系统的故障树分析法，是通过风烟系统能效异常因素分析及能效诊断知识库构建,可得参数偏离基准值会导致系统能效水平降低,其中可能是设备发生故障导致运行参数偏离了基准值,因此在诊断具体原因时,需要将这些可维护类因素识别出来。

8.2 监控系统理论设计

电站锅炉是一种进行能量形式和载体变换的过程系统,是我国的主要发电设备。电站锅炉能效是检验新型锅炉是否符合设计要求、在用锅炉运行状况的重要指标,因此对电站锅炉的能效进行测试与计算并对相应数据进行管理有非常重要的意义。

电站锅炉能效测试为电站锅炉的质量鉴定提供依据,可以协助电站锅炉厂商从技术层面分析产品存在的问题,从而不断改进产品;电站锅炉能效测试为检验锅炉运行状况提供数据支持,可以帮助电站锅炉用户对锅炉运行工况进行调整,提高能源利用率;电站锅炉能效测试为分析锅炉污染物排放情况提供数据支持,可以帮助国家了解各不同类型电站锅炉的污染状况,从而制定相应的节能减排政策。

8.2.1 电站锅炉能效远程监控系统的功能分析

电站锅炉能效远程监控系统是在电站锅炉能效测试方法和计算原理基础上,为实现对能效测试数据的计算统一管理而开发的,其功能包括对能效测试相关信息、测试数据和化验分析数据的采集,根据电站锅炉燃料、燃烧方式、出口介质和工况的不同对相应锅炉的能效进行计算,产生统一格式的能效测试报告,最后将测试计算数据和报告存入电站锅炉能效数据库中,方便今后管理和查阅。

在能效测试阶段,需要依照电站锅炉能效测试原理设置不同的测试点,选取相应的测试工具,并按照一定的测试规则进行数据测试。这一部分要采集的数据包括能效测试数据和化验分析数据。能效测试数据包括锅炉运行参数,各测点工质压力、温度、流量,各测点烟气温度、压力等。化验分析数据包括燃料工业分析数据和元素分析数据、灰渣的分析数据、烟气成分分析数据等。

能效计算阶段是依照电站锅炉能效计算原理对能效测试数据进行计算的过程。这里需要根据原理中的各项规定、计算公式、数据表、线算图,建立计算逻辑关系和计算程序,将数据表和线算图按照数值分析的方法转化为数学计算公式。测试数据经提交后,自动按照计算逻辑关系选择计算程序和相应的计算公式进行试算,并生成计算结果。如果计算结果符合电站锅炉能效计算原理对计算结果的规定,那么计算有效;反之,需要检查、修改相关信息和数据,重新计算。对于有效的计算结果,将测试数据和计算数据存入电站锅炉能效数据库中,并生成统一格式的能效测试报告。

能效数据管理阶段主要是对测试数据、计算数据和能效测试报告的存储与管理。对于未完成的能效测试,可以将录入的数据进行暂存,方便以后继续进行此次能效测试;对于已完成的能效测试,可以对测试数据和能效测试报告进行查看,亦可以对已录入的数据进行修改并重新计算,之后生成新的能效测试报告。能效测试报告完成后,需要验证报告的合格性,因此系统需要有两种用户,即测试人员和审核人员。测试人员只能对未完成的能效测试报告进行查询、修改,对已完成的能效测试报告进行查询、提交;审核人员可以对能效测试报告进行查询、审批。众多的能效测试与计算数据是电站锅炉能效信息的资源，应充分利用，从中挖掘有价值的信息。

8.2.2　电站锅炉能效远程监控系统整体架构

电站锅炉能效远程监控系统的用户包括电站锅炉监管机构、电站锅炉生产厂商、电站锅炉能效测试机构等，为了简化操作，提高易用性，系统可采用 B/S 架构，用户在浏览器中完成测试信息的录入就可以即时得到能效计算结果和报告。B/S 三层体系结构为表示层(User Interface Layer)、业务逻辑层(Business Logic Layer)、数据访问层(Data Access Layer)。表示层的作用表现在两个方面：在能效测试阶段完成测试相关信息、测试数据和化验分析数据的采集之后，用户将这些信息通过表示层提交给服务器；在能效计算阶段，当服务器完成能效计算后，将能效的计算结果和测试报告返回给表示层，并以一定的形式显示给用户。

电站锅炉能效远程监控系统的 B/S 架构业务逻辑层，应具有应用程序扩展功能的 Web 服务器，在系统中，业务逻辑层是表示层和数据访问层的中间层。首先，它接收表示层提交的数据信息，根据电站锅炉燃料、燃烧方式、出口介质和工况的不同选择不同的计算流程，实现能效的计算；其次，它根据用户的不同请求，向数据访问层发出对电站锅炉能效数据库的查询、修改和更新等请求，在完成相应操作后，将结果返回给表示层；数据访问层即数据库系统服务器，在系统中，是实际对电站锅炉能效数据库进行处理的单元，并完成对象实体和关系数据库的映射，它接受业务逻辑层对数据操作的请求，实现对电站锅炉能效数据库查询、修改、更新等功能，并把运行结果返回给业务逻辑层。

8.2.2.1　模型(Model)

模型包括业务模型和数据模型。业务模型是对与具体的业务逻辑相关的数据及其处理方法的封装。数据模型是指实体对象的数据存储。模型的作用是接收视图的请求数据，对数据进行处理并将结果返回给视图。

8.2.2.2　视图(View)

视图的作用是采集和处理数据及用户的请求，然后将用户界面的输入数据和请求传递给控制部分和模型部分，当模型层将结果返回来后，以一定的形式展现给用户。相同的结果可以有不同的显示形式，以 Web 应用为例，可以通过最简单的 HTML 展示信息，亦可以通过 Free Marker、Tapestry 等技术或框架显示信息。

8.2.2.3　控制器(Controller)

控制器中不包含任何业务逻辑，也不包括任何结果展示，它只是起到对数据处理和结果展示的组织作用，也可以说，是对应用程序流程进行控制。它接受用户 B/S 架构，保证了系统对用户的易用性，但是对于系统可扩展性和可维护性的实现，需要采用一定的软件设计模式和框架。

1.MVC 设计模式概述

MVC(Model View-Control)是一种目前广泛流行的软件设计模式，其特点是将事务的逻辑处理单元、数据的表示方式、触发事务的事件相互独立出来，形成模型视图-控制器结构。这三部分可以通过模块间通信协同工作来完成维护和表现数据的任务。MVC 设计模式使得模块之间的耦合程度降至最低,各模块之间互不影响,一个模块的改变不会影响到其他模块的请求,并结合数据模型上的改变选择适当的模型进行处理,待处理完成后,选择合适的视图来展示处理结果。

2.Spring MVC 概述

Spring 是一个轻量级的应用程序框架,其核心是控制反转(IOC,Inversion of Control)和面向切面编程(AOP,Aspect Oriented Programming)。在传统的编程方式中,各业务对象之间的相互依赖关系是由代码来控制的,这是一种紧耦合方式,而控制反转的提出则打破了这种传统,它实现了由容器通过配置文件来管理业务对象之间的依赖关系,即控制管理权由程序代码转到了外部容器。实现控制反转的方式为依赖注入,依赖注入的方法有 2 种,分别为 setter 方法注入和构造方法注入。Spring MVC 不仅是一个 IOC 的容器,也是 Web 应用的 MVC 框架,可以控制 Web 应用的整个流程。Spring MVC 的 Model 由表示系统状态和业务逻辑的 Java Bean 来构建,View 的实现方式比较灵活,既可以由 JSP 和 Spring 提供的自定义标签实现,又可以利用其他模板引擎如 Free Marker 来实现。

3.Hibernate 概述

目前面向对象的开发方法已成为企业级开发的首选,将对象数据永久保存的任务则需要专门的数据库来完成。但是作为目前最主流数据库的关系型数据库,存放的关系数据却是非面向对象的。作为业务实体的两种不同表现形式,如何实现对象型数据和关系型数据的相互转化是必须解决的问题。对象关系映射(Object Relational Mapping,ORM)就是一种为了解决面向对象与关系数据库间互不匹配现象的技术,ORM 利用元数据,将面向对象程序中的对象自动持久化到关系数据库中,其本质就是将数据从一种形式转换到另外一种形式。而 Hibernate 就是一种实现对象/关系之间映射的开源框架,Hibernate 基于 Java Bean 的持久对象,通过 Hibernate 映射文件来管理,将表中记录映射到类对象、表中列值映射到对象属性来实现数据库表到 Java 类的映射,并最终实现以对象的形式操作关系型数据库中的数据。

4.Spring 和 Hibernate 的整合

Spring 对 Hibernate 的 DAO(Data Access Object)实现提供了支持,通过对 Spring 的相关 XML 文件进行配置,使其在 DAO 类的具体实现过程中集成 Hibernated 的 Session Factory、Hibernate Template 和 Transaction Manager,通过@ Repository 注解将 DAO 类标识为 Spring Bean,然后让 DAO 类持有一个 Hibernate Template 对象实例,通过该对象实例来实现对数据库的具体操作。Hibernate Template 一方面可以帮助摆脱一些重复性较高且比较烦琐的操作,如访问数据库时创建 Session 实例,启动、提交/回滚事务等;另一方面提供了非常多的方法,如增加、删除、修改、查询等来完成基本的操作,可以根据实际需要选择不同的方法。

8.3 系统设计数据库建立

电站锅炉能效远程监控系统由两部分组成:电站锅炉能效数据库和电站锅炉能效计算软件。下面分别对其实现过程进行详细阐述。

8.3.1　电站锅炉能效数据库的建立

一般来说,设计一个性能良好的数据库包括如下几个阶段:①需求分析阶段,需求是建立数据库的基础,只有明确了需要什么才能据此选择合适的数据组织方式;②概念设计阶段,概念设计是对需求进行归纳总结的过程,它的最终目的是抽象出概念数据模型,概念数据模型是各种实体及实体间的关系,它独立于任何数据库产品,通常用 E-R 图来表示;③逻辑设计阶段,逻辑设计是对概念数据模型进行细化的过程,它最终的目的是产生逻辑视图模型,逻辑视图模型将确定实体的各个属性、主外键关系,它与具体的业务逻辑相关;④物理设计阶段,物理设计是面向现实数据库的设计,它将逻辑视图的实体、属性转化为可以实际存储在数据库中的表、列,将主外键关系转化为数据库表之间的关系。

8.3.1.1　电站锅炉能效数据库的需求分析

通过对能效测试流程的分析,电站锅炉能效数据库拟实现如下的目标:

(1)根据能效测试报告中记载的测试相关信息、测试和计算数据形成数据库。测试相关信息包括电站锅炉制造厂商、产品型号、设计参数、使用单位等;测试数据包括电站锅炉运行参数(工况、介质及输出形态、出力等)、燃料品种(热值、元素分析数据)及燃料使用量、烟气和炉渣等的分析数据;计算数据包括电站锅炉各项热损失 $q_2 \sim q_7$ 和正反平衡热效率等重要数据。

(2)对数据库中记载的测试相关信息、测试和计算数据进行基本存储、查询、更新和简单统计分析。

(3)储存各能效测试机构完成并提交的能效测试报告,实现测试报告的统一管理。

(4)满足电站锅炉能效监督管理机构、设计文件鉴定机构、测试机构、制造企业、使用单位对测试相关信息、测试和计算数据及测试报告进行查询和阅览。

8.3.1.2　电站锅炉能效数据库的概念设计

这是对电站锅炉能效数据库的需求进行抽象加工的过程。电站锅炉能效数据库的存储信息包括测试相关信息、测试数据和计算数据。

1.测试相关信息

测试相关信息可以分为四类:电站锅炉制造单位基本信息、使用单位基本信息、测试机构基本信息和锅炉基本信息。这部分信息是对能效测试情况的一个综述,是能效测试报告的重要组成部分。

以电站锅炉制造单位为例,其基本信息包括制造单位名称、制造许可证编号、组织机构代码、性质、所在地区、地址、邮政编码、邮箱、电话、传真等。电站锅炉能效远程监控系统面向的是全国所有的电站锅炉制造、使用和测试单位,而测试相关信息就是对这部分内容的汇总,随着该系统在全国的推广,能效测试报告数量会急剧增长,这样从能效测试数据库中基于厂商、地域、产品型号等对电站锅炉的能效进行全方位数据分析和挖掘将成为一项重要的研究。

电站锅炉基本信息包括锅炉名称、型号、产品编号、输出介质、设计燃料、燃烧方式和测试工况等。这部分信息非常重要,因为锅炉的燃料、燃烧方式、介质和测试工况是对其进行能效计算最关键的四个参数,它们直接决定锅炉能效的计算流程以及计算过程中涉及的计算方法、公式等。

2.测试数据

测试数据是对锅炉运行状态的数据化展示,是进行锅炉能效计算的基础。测试数据分为两类:工质、燃料等的测量数据和燃料、灰渣等的工业分析数据、元素分析数据。以以煤作为燃料、饱和蒸汽作为出口介质的电站锅炉为例,其工质测量数据就是给水和饱和蒸汽的测试信息,包括给水流量、给水温度、给水压力、给水取样量、自用蒸汽量、蒸汽压力、蒸汽取样量、蒸汽含盐量等;其元素分析数据就是煤的分析数据,包括煤含碳量、含氢量、含氧量、含氮量、含水量、含硫量、含氧量、含杂质量等。工质的测量数据是正平衡计算中计算输出热量的基础,而煤的化验分析数据是反平衡计算中计算固体未完全燃烧热损失、灰渣热损失等的基础。

3.计算数据

通过测试数据计算锅炉各项热量和各项热效率所得的就是计算数据。如果以正平衡法计算锅炉能效,那么这部分数据包括输入热量、输出热量和锅炉效率;如果以反平衡法计算锅炉能效,那么这部分数据包括排烟热损失、固体未完全燃烧热损失、气体未完全燃烧热损失、灰渣热损失、散热损失、脱硫热损失等。通过能效计算结果可以分析锅炉运行状况,为企业优化锅炉运行条件、节能减排提供依据。当能效测试报告数量达到海量时,可以从中挖掘锅炉能效关键数据,为国家方针政策的制定提供数据支持。

用测试报告实体进行组织,其中包含测试基本信息、测试数据和计算数据(篇幅所限,这里只列出锅炉制造单位基本信息、锅炉基本信息、给水和饱和蒸汽测试数据、煤的化验分析数据)。报告实体包括一个报告状态属性,对于不同的用户,每份报告有不同的状态,如测试用户的报告有测试中和已提交状态,审核用户则有已提交、已审核等状态。

8.3.1.3 电站锅炉能效数据库的逻辑设计

逻辑设计阶段的工作是将概念数据模型转换为关系模型,形成数据库逻辑模型,然后,根据用户对数据处理的需求以及数据库安全性方面的要求,在基本表的基础上建立必要的视图,形成数据的外模式。将 E-R 图转换为关系模型,实际上就是要将实体、实体的属性和实体之间的联系转化为关系模式。通常关系模式需要满足关系数据库的三范式:所有字段都是单一属性的,不可再分,每一行都可以被唯一标识;数据库表中不存在非关键字段对任一候选关键字段的部分函数依赖;数据库表中不存在非关键字段对任一候选关键字段的传递函数依赖。在三范式的基础上,为了查询的方便,应该为表适量增加冗余。

8.3.1.4 电站锅炉能效数据库的物理设计

物理设计阶段是将逻辑数据视图物理化的过程,这个过程需要依据计算机系统和具体数据库的特点,为给定的数据库模型确定合理的存储结构和存取方法。一个良好的物理设计既要满足尽量减少存储空间的要求,又要满足对数据库中数据进行高速访问和操作的要求。在逻辑设计阶段,数据库需要满足第三范式,但是满足第三范式的数据库设计却往往不是最好的设计。为了提高数据库的运行效率,常常需要降低范式标准,通过适当增加冗余来达到以空间换时间的目的,也就是增加数据表和字段。具体做法是:在概念和逻辑数据模型设计的时候遵守第三范式,而将降低范式标准的工作放到物理数据模型设计时考虑。

MySQL 是一个开放源码的小型关联式数据库管理系统,其体积小、速度快,是许多中小型网站作为网站数据库的首选,MySQL 具有如下优点:

(1)支持 5 000 万条记录的数据仓库,这一点非常重要,随着时间的推移,电站锅炉能效数据库中的数据会达到海量,支持海量数据的存储是选择数据库时必须要考虑的问题。

(2)适应于所有的平台,MySQL 可以用于 Windows 和 Linux 等主流平台,这可以为开发者从不同平台进行后续开发提供便利,而不用担心数据库的兼容问题。

(3)是开源软件,总体费用较低。虽然 Omcle 对于海量数据的处理比 MySQL 要出色,但是 Omcle 每年的服务费用会极大地增加系统成本。

(4)性能出色,并且 MySQL 自身就提供数据切分功能,与需求相符合。

8.3.2　电站锅炉能效计算软件的开发

电站锅炉能效计算软件可以利用 Spring MVC + Hibernate 作为开发模式,利用 Hibernate 作为 ORM 持久层框架,用 Free Marker 作为表现层技术。Spring MVC + Hibernate 架构很好地体现了 MVC 的设计模式,它将 Web 系统中的表示层、业务层和逻辑层有效地分开,有效地解除了各部分的耦合,使得系统有良好的可维护性、可扩展性和可重用性。

8.3.2.1　电站锅炉能效计算软件 Model 层

电站锅炉能效计算软件的 Model 层主要由各实体类、数据访问类、业务逻辑类等组成。

1.Model 层实体类的设计

实体类主要是采用面向对象的方法抽象出的表示电站锅炉能效测试相关信息的类,如锅炉基本信息类、燃料(煤、天然气、石油)化验分析类、灰渣测试信息类、排烟测试信息类等,它们与数据库中的相应表对应。

2.Model 层数据访问类的设计

数据访问类的主要功能是将从 View 层接收的数据持久化以及从数据库中查询出数据并交由 View 层显示,每个实体类都对应一个数据访问类,数据访问类提供对实体类对应的数据表的增加、删除和查询等功能。

3.Model 层数据业务逻辑类的设计

业务逻辑类主要包括流程控制类、锅炉能效计算类、能效测试报告类等。流程控制类的主要功能是根据电站锅炉测试基本信息中的燃料、燃烧方式、出口介质和工况控制前台页面的跳转,并选用合适的计算模块对锅炉的能效进行计算。锅炉能效计算类是对锅炉能效计算模型的实现,它接收锅炉能效测试数据,进行正反平衡计算并将结果返回给调用类;能效测试报告类利用测试数据生成统一格式的能效测试报告。

8.3.2.2　电站锅炉能效计算软件 Control 层的实现

Control 层是 Spring MVC 的重要组成部分,它是联系 Model 层和 View 层的纽带。这里通过对相应的类添加注解,主要是@ Controller 和@ Request Mapping 并在相关 XML 中进行配置来实现。

8.3.2.3 电站锅炉能效计算软件 View 层的实现

View 层是电站锅炉能效计算软件与测试用户的交互页面，它接收用户输入数据，在提交时将页面中各实体类对象的属性进行组装，以实体类对象的形式传递给 Model 层；当 Model 层对用户的请求进行处理后，以实体类对象的形式将结果返回给 View 层，View 层再将对象属性填充到页面相应位置并展示出来。系统中，View 层通过 Free Marker 实现。

电站锅炉技术发展迅速，新型锅炉产品层出不穷，因此在未来的工作中，还需要进一步加强对电站锅炉能效计算模型的研究。目前，电站锅炉能效计算软件已经取得了比较满意的实用效果，但是其在全国的推广还需要一段时间，从不同用户获取反馈，发现并不断完善能效计算软件中的不足也是未来工作的重点。

附　录

附录 A　关于进一步加强高耗能特种设备节能工作的通知

各省、自治区、直辖市质量技术监督局：

为贯彻落实国务院《"十二五"节能减排综合性工作方案》及部门分工要求，按照总局《"十二五"高耗能特种设备节能发展规划》、《2012 年质量监督检验检疫工作要点》及《2012 年特种设备安全监察与节能监管工作要点》的总体部署，现就进一步加强高耗能特种设备节能工作的有关要求通知如下。

一、加强对高耗能特种设备节能标准执行情况的监督检查

（一）开展万家企业工业锅炉节能专项监督检查

各省要按照国家发展改革委和质检总局等十二个部门制定的《万家企业节能低碳行动实施方案》要求，组织对本省万家企业的工业锅炉使用情况进行专项监督检查。重点检查在用工业锅炉定期能效测试制度落实情况及实际运行能效状况，锅炉及辅机的仪表配备情况，应用国家发展改革委和质检总局推广的节能技术和产品情况，锅炉节能管理制度建立、实施情况，以及锅炉作业人员节能知识培训情况等。

（二）加强对锅炉生产单位的监督检查

各地要加强对锅炉生产单位的监督检查，重点检查锅炉设计文件节能审查和锅炉定型产品能效测试制度的落实情况。

二、进一步落实锅炉节能监管各项制度

（一）继续做好锅炉设计文件节能审查

各地要按照《锅炉设计文件节能审查办法（试行）》的要求，使锅炉设计文件节能审查工作常态化、规范化、制度化，要加强对锅炉生产企业的监督和指导，避免将设计问题遗留到制造环节。锅炉设计文件鉴定机构要对节能审查未通过的情况记录存档，以便监督整改和统计分析，促进锅炉设计能效水平提升。

（二）严格落实工业锅炉定型产品能效测试制度

锅炉定型产品能效测试是提升我国工业锅炉能效水平的重要手段，对规范锅炉制造行业、引导用户选用符合能效要求的锅炉产品发挥着日益重要的作用。鉴于锅炉定型产品能效测试过渡期已经结束，根据测试工作开展的实际情况和测试结果的汇总分析，提出以下意见。

1.某一型号锅炉通过测试后，对于与其制造单位相同、燃料及燃烧方式相同、结构形

式相同,而主要参数发生下述变化的其他锅炉型号,在企业向监检机构和使用单位提供自我声明,保证锅炉热效率和其他主要参数符合规范标准和设计要求的情况下,可以免除定型能效测试。

(1)额定蒸发量或额定热功率降低50%以内(含);

(2)蒸汽锅炉额定蒸汽压力降低,热水锅炉和有机热载体锅炉额定工作压力变化(含升高或降低);

(3)热水锅炉额定出水温度和有机热载体锅炉额定出口温度降低。

但是,属于下述情况之一的,仍应进行产品定型能效测试。

(1)用户要求提供该型号锅炉产品定型能效测试报告的;

(2)该型号锅炉拟申请列入节能产品目录的;

(3)锅炉投用后,用户或测试机构怀疑其能效水平并向制造企业所在地省级特种设备安全监察机构反映,该监察机构要求进行测试验证的。

2.2012 年 5 月 1 日以后,对于尚未通过测试的工业锅炉型号,其定型能效测试应按照《锅炉节能技术监督管理规程》(以下简称《规程》)第二十八条执行。对于因特殊原因未能及时提交定型能效测试报告的批量制造锅炉型号,由制造企业所在地的省级特种设备安全监察机构提出处理意见,锅炉制造企业应向该监察机构提交下述文件资料:

(1)未按规定进行测试的具体原因说明;

(2)安排锅炉定型能效测试的计划和书面承诺;

(3)锅炉使用单位的书面同意意见。

经监察机构书面同意后,该型号锅炉可继续监检出厂,锅炉使用地的特种设备安全监察机构应予以认可。制造企业所在地的省级特种设备安全监察机构应在意见中明确提出测试完成的时间要求并负责跟踪督促,同时将该书面意见报送我局节能处备案。锅炉使用地的特种设备安全监察机构应按照《规程》第四十九条的规定进行监督检查。未经我局同意,各地质监部门不得自行设定锅炉能效方面的市场准入条件。

3.对于适用于燃油、燃气两种燃料,而出厂时只配置一种燃烧器的工业锅炉,可只按照该燃料进行测试,并在测试报告中说明。

4.《规程》要求对电站锅炉在安装后逐台进行测试以验证其能效,该测试不同于工业锅炉定型能效测试。我局正在研究制定电站锅炉测试工作的具体办法,待办法公布后开展相关工作。对于额定工作压力小于等于 9.82 MPa 的电站锅炉,可以参照工业锅炉的办法,按照相应标准进行产品定型能效测试;通过定型能效测试的电站锅炉型号,可不再逐台进行安装后的测试。

锅炉生产和使用单位要积极配合锅炉产品定型能效测试工作,保证测试条件符合相关规程和相应标准要求。锅炉能效测试机构要严格按照法规标准规定进行测试,对相关测试结果负责,要及时安排测试工作并按时出具报告,不得因自身原因影响企业正常生产。锅炉能效测试机构到异地开展测试工作之前,应书面告知锅炉的使用登记机关,测试完成后应将测试结果书面告知该机关。各级特种设备安全监察机构要加强对锅炉产品定型能效测试工作的监督和指导。锅炉制造和安装监检机构要严格把关,制造监检要重点检查锅炉结构、仪表配置(或预留接口)等是否与设计一致,安装监检要重点检查仪表配置和节能装置是否与设计一致。

锅炉产品定型能效测试的结果将通过设在中国特种设备检测研究院网站（www.csei.org.cn）的“工业锅炉能效测试数据计算与管理平台”向社会公布，以指导锅炉使用单位选用符合要求的锅炉产品。

（三）加快推进在用工业锅炉定期能效测试工作

在用工业锅炉量大面广，其定期能效测试工作可分步实施，逐步到位。今年在用工业锅炉定期能效测试以万家企业为工作重点。各省要摸清本省万家企业在用工业锅炉数量（万家企业名单见国家发展改革委2012年第10号公告），并制订锅炉定期能效测试计划。今年要对本省万家企业所使用锅炉的10%开展定期能效测试。

能效测试机构在锅炉定期能效测试工作中，要注意通过测试工作找出锅炉设备本身及使用管理中存在的问题，并在测试报告中提出有针对性的改进建议。特种设备安全监察机构应注重汇总分析，及时向地方政府、节能主管部门等报告有关情况，通过部门联动采取有效措施，促进锅炉实际运行能效水平提升。

三、加快推进节能技术机构能力建设

各地要加快能效测试机构的建立和测试能力的提升。今年要重点加强地市级锅炉能效测试机构能力建设，各级特种设备安全监察机构要积极指导相关技术机构提升水平，尽快形成测试能力，同时要充分发挥行业机构和社会力量的作用。我局今年将继续公布工业锅炉能效测试机构，并加快研究制定电站锅炉能效测试机构条件，争取年内公布一批电站锅炉能效测试机构。此外，我局将根据工作需要委托相关机构开展锅炉能效测试人员技术培训，各地也可根据实际情况自行开展相关培训。

各能效测试机构应积极应用“工业锅炉能效测试数据计算与管理平台”，充分发挥平台规范测试工作的作用。在使用过程中如遇问题，请及时与我局或中国特种设备检测研究院联系，以便不断改进完善平台功能。

四、大力促进节能技术进步

今年要继续开展高耗能特种设备节能技术和产品遴选工作。请各地组织相关企业参照《关于报送高耗能特种设备重点节能技术（或产品）遴选工作情况的通知》（质检特函〔2011〕71号）要求积极报送节能技术和产品，并通过多种形式加大宣传和推广力度，提高使用单位节能意识，引导企业选用节能锅炉产品。

各地要积极指导特种设备节能示范工程建设。一是要着重了解节能项目和相关技术，注重积累经验，为下一步工作奠定基础。二是要在建设标杆锅炉房工作的基础上，继续完善锅炉节能示范，特别是要在锅炉综合节能改造和节能管理方面建立标杆，起到典型带动的作用。

五、积极探索创新节能工作机制

节能是一项综合性工作，要特别重视与相关部门的沟通协调和工作机制的创新，要把高耗能特种设备节能工作纳入到地方政府节能减排总体规划中，在各级政府和节能主管部门的领导和统一部署下开展工作。目前,在用工业锅炉能效测试工作已被国家发展改革委列入“十二五”单位 GDP 能耗考核体系实施方案中的省级人民政府节能目标责任评价考核指标,总局将和相关部门进一步沟通协调,共同推进工作。各地要结合实际情况,注重经验总结和活动宣传,积极向地方政府汇报,加强与相关部门沟通协调,创新工作机制,争取政策支持。

年底前,各地应将监督检查、在用工业锅炉定期能效测试以及节能工作机制创新等情况报送我局节能处。

2012 年是“十二五”时期承前启后的重要一年,特种设备节能监管工作要按照创新发展、真抓实干、稳中求进的总体要求,着眼于国家节能工作大局,立足于监督检查基本职能,坚持将高耗能特种设备节能监管和安全监察相结合,不断创新工作机制,着力构建企业主动、政府推动、部门联动、典型带动的工作格局,为建设资源节约型、环境友好型社会做出应有的贡献。

二〇一二年六月十四日

附录 B 高耗能特种设备节能监督管理办法

第一章 总 则

第一条 为加强高耗能特种设备节能审查和监管，提高能源利用效率，促进节能降耗，根据《中华人民共和国节约能源法》、《特种设备安全监察条例》等法律、行政法规的规定，制定本办法。

第二条 本办法所称高耗能特种设备，是指在使用过程中能源消耗量或者转换量大，并具有较大节能空间的锅炉、换热压力容器、电梯等特种设备。

第三条 高耗能特种设备生产（含设计、制造、安装、改造、维修，下同）、使用、检验检测的节能监督管理，适用本办法。

第四条 国家质量监督检验检疫总局（以下简称国家质检总局）负责全国高耗能特种设备的节能监督管理工作。

地方各级质量技术监督部门负责本行政区域内高耗能特种设备的节能监督管理工作。

第五条 高耗能特种设备节能监督管理实行安全监察与节能监管相结合的工作机制。

第六条 高耗能特种设备的生产单位、使用单位、检验检测机构应当按照国家有关法律、法规、特种设备安全技术规范等有关规范和标准的要求，履行节能义务，做好高耗能特种设备节能工作，并接受国家质检总局和地方各级质量技术监督部门的监督检查。

第七条 国家鼓励高耗能特种设备的生产单位、使用单位应用新技术、新工艺、新产品，提高特种设备能效水平。对取得显著成绩的单位和个人，按照有关规定予以奖励。

第二章 高耗能特种设备的生产

第八条 高耗能特种设备生产单位应当按照国家有关法律、法规、特种设备安全技术规范等有关规范和标准的要求进行生产，确保生产的高耗能特种设备符合能效指标要求。

特种设备生产单位不得生产不符合能效指标要求或者国家产业政策明令淘汰的高耗能特种设备。

第九条 高耗能特种设备的设计，应当在设备结构、系统设计、材料选用、工艺制定、计量与监控装置配备等方面符合有关技术规范和标准的节能要求。

第十条 高耗能特种设备的设计文件，应当经特种设备检验检测机构，按照有关特种设备安全技术规范和标准的规定进行鉴定，方可用于制造。未经鉴定或者鉴定不合格的，制造单位不得进行产品制造。

第十一条 高耗能特种设备制造企业的新产品应当进行能效测试。未经能效测试或者测试结果未达到能效指标要求的，不得进行批量制造。

锅炉、换热压力容器产品在试制时进行能效测试。电梯产品在安全性能型式试验时进行能效测试。

第十二条　特种设备检验检测机构接到高耗能特种设备制造单位的产品能效测试申请，应当按照有关特种设备安全技术规范和标准的要求进行测试，并出具能效测试报告。

第十三条　特种设备检验检测机构对高耗能特种设备制造、安装、改造、维修过程进行安全性能监督检验时，应当同时按照有关特种设备安全技术规范的规定，对影响设备或者系统能效的项目、能效测试报告等进行节能监督检查。

未经节能监督检查或者监督检查结果不符合要求的，不得出厂或者交付使用。

第十四条　高耗能特种设备出厂文件应当附有特种设备安全技术规范要求的产品能效测试报告、设备经济运行文件和操作说明等文件。

第十五条　高耗能特种设备的安装、改造、维修，不得降低产品及其系统的原有能效指标。

特种设备检验检测机构发现设备和系统能效项目不符合相关特种设备安全技术规范要求时，应当及时告知高耗能特种设备安装、改造、维修单位。被告知单位应当依照特种设备安全技术规范要求进行评估或者能效测试，符合要求后方可交付使用。

第十六条　高耗能特种设备安装、改造、维修单位应当向使用单位移交有关节能技术资料。

第三章　高耗能特种设备的使用

第十七条　高耗能特种设备使用单位应当严格执行有关法律、法规、特种设备安全技术规范和标准的要求，确保设备及其相关系统安全、经济运行。

高耗能特种设备使用单位应当建立健全经济运行、能效计量监控与统计、能效考核等节能管理制度和岗位责任制度。

第十八条　高耗能特种设备使用单位应当使用符合能效指标要求的特种设备，按照有关特种设备安全技术规范、标准或者出厂文件的要求配备、安装辅机设备和能效监控装置、能源计量器具，并记录相关数据。

第十九条　高耗能特种设备使用单位办理特种设备使用登记时，应当按照有关特种设备安全技术规范的要求，提供有关能效证明文件。对国家明令淘汰的高耗能特种设备，不予办理使用登记。

第二十条　高耗能特种设备安全技术档案至少应当包括以下内容：

（一）含有设计能效指标的设计文件；

（二）能效测试报告；

（三）设备经济运行文件和操作说明书；

（四）日常运行能效监控记录、能耗状况记录；

（五）节能改造技术资料；

（六）能效定期检查记录。

第二十一条　对特种设备作业人员进行考核时，应当按照有关特种设备安全技术规范的规定，将节能管理知识和节能操作技能纳入高耗能特种设备的作业人员考核内容。

高耗能特种设备使用单位应当开展节能教育和培训，提高作业人员的节能意识和操作水平，确保特种设备安全、经济运行。高耗能特种设备的作业人员应当严格执行操作规程和节能管理制度。

第二十二条　锅炉使用单位应当按照特种设备安全技术规范的要求进行锅炉水(介)质处理,接受特种设备检验检测机构实施的水(介)质处理定期检验,保障锅炉安全运行、提高能源利用效率。

第二十三条　锅炉清洗单位应当按照有关特种设备安全技术规范的要求对锅炉进行清洗,接受特种设备检验检测机构实施的锅炉清洗过程监督检验,保证锅炉清洗工作安全有效进行。

第二十四条　特种设备检验检测机构在特种设备定期检验时,应当按照特种设备安全技术规范和标准的要求对高耗能特种设备使用单位的节能管理和设备的能效状况进行检查。发现不符合特种设备安全技术规范和标准要求的,应当要求使用单位进行整改。当检查结果异常或者偏离设计参数难以判断设备运行效率时,应当由从事高耗能特种设备能效测试的检验检测机构进行能效测试,以准确评价其能效状况。

第二十五条　高耗能特种设备及其系统的运行能效不符合特种设备安全技术规范等有关规范和标准要求的,使用单位应当分析原因,采取有效措施,实施整改或者节能改造。整改或者改造后仍不符合能效指标要求的,不得继续使用。

第二十六条　对在用国家明令淘汰的高耗能特种设备,使用单位应当在规定的期限内予以改造或者更换。到期未改造或者更换的,不得继续使用。

第四章　监督管理

第二十七条　高耗能特种设备节能产品推广目录、淘汰产品目录,依照《中华人民共和国节约能源法》制定并公布。

第二十八条　各级质量技术监督部门发现高耗能特种设备生产单位、使用单位和检验检测机构违反有关法律、法规、特种设备安全技术规范和标准的行为,应当以书面形式责令有关单位予以改正。

第二十九条　地方各级质量技术监督部门应当加强对高耗能特种设备节能工作效果的信息收集,定期统计分析,及时向上一级质量技术监督部门报送,并将相关工作信息纳入特种设备动态监管体系。

第三十条　国家质检总局和省、自治区、直辖市质量技术监督部门应当定期向社会公布高耗能特种设备能效状况。

第三十一条　从事高耗能特种设备能效测试的检验检测机构,应当按照《特种设备安全监察条例》以及特种设备安全技术规范等有关规范和标准的要求,依法进行高耗能特种设备能效测试工作。

第三十二条　从事高耗能特种设备能效测试的检验检测机构,应当保证能效测试结果的准确性、公正性和可溯源性,对测试结果负责。

第三十三条　从事高耗能特种设备能效测试的检验检测机构,发现在用高耗能特种设备能耗严重超标的,应当及时告知使用单位,并报告所在地的特种设备安全监督管理部门。

第五章　附　则

第三十四条　高耗能特种设备的生产、使用、检验检测活动违反本办法规定的，依照《中华人民共和国节约能源法》、《特种设备安全监察条例》等相关法律法规的规定进行处罚和处分。

第三十五条　本办法由国家质检总局负责解释。

第三十六条　本办法自 2009 年 9 月 1 日起施行。

参考文献

[1] 党林贵,沈刚,陈国喜,等.锅炉设备与检验[M].郑州:河南科技出版社,2019.
[2] 党林贵,李玉军,张海营,等.机电类特种设备无损检测[M].郑州:黄河水利出版社,2012.
[3] 丁崇功.锅炉设备[M].北京:机械工业出版社,2009.
[4] 郭元亮,等.《锅炉安全技术规程》释义[M].北京:化学工业出版社,2021.
[5] 林宗虎,徐通模.实用锅炉手册[M].北京:化学工业出版社,2009.
[6] 阚珂,蒲长城,刘平均.中华人民共和国特种设备安全法释义[M].北京:中国法制出版社,2013.
[7] 崔政斌,吴进成.锅炉安全技术[M].北京:化学工业出版社,2009.
[8] 张梦珠.锅炉原理与设计[M].北京:水利电力出版社,1990.
[9] 张永照,陈听宽,黄祥新,等.锅炉[M].北京:机械工业出版社,1993.
[10] 赵明泉,等.锅炉结构与设计[M].哈尔滨:哈尔滨工业大学出版社,1991.
[11] 施克仁.无损检测新技术[M].北京:清华大学出版社,2007.
[12] 张咏军.无损检测仪器与设备[M].西安:西安电子科技大学出版社,2010.
[13] 宋崇民,李玉军.锅炉压力容器无损检测[M].郑州:黄河水利出版社,2000.